高等院校安全科学与工程类专业本科系列教材

安全人机工程
课程设计选编

主　编／代张音　江泽标　李波波

重庆大学出版社

内容提要

本书共 3 章,内容涉及安全人机工程课程设计指导书;安全人机工程课程设计参考题目(包含设计题目、调研与评议题目、创意方案题目各 15 个,总共 45 个);安全人机工程课程设计学生设计选编(包含 24 份)。

本书可作为学习安全人机工程课程学生的课程设计参考用书,也可作为有关教师、科技人员以及研究生的参考读物。

图书在版编目(CIP)数据

安全人机工程课程设计选编 / 代张音,江泽标,李波波主编. -- 重庆 : 重庆大学出版社,2025. 3.
(高等院校安全科学与工程类专业本科系列教材).
ISBN 978-7-5689-4976-7

Ⅰ. X912.9

中国国家版本馆 CIP 数据核字第 2025AV7915 号

安全人机工程课程设计选编
ANQUAN RENJI GONGCHENG KECHENG SHEJI XUANBIAN

主 编 代张音 江泽标 李波波
策划编辑:杨粮菊

责任编辑:陈 力 版式设计:杨粮菊

责任校对:谢 芳 责任印制:张 策

*

重庆大学出版社出版发行

出版人:陈晓阳

社址:重庆市沙坪坝区大学城西路 21 号

邮编:401331

电话:(023)88617190 88617185(中小学)

传真:(023)88617186 88617166

网址:http://www.cqup.com.cn

邮箱:fxk@ cqup.com.cn(营销中心)

全国新华书店经销

重庆正光印务股份有限公司印刷

*

开本:787mm×1092mm 1/16 印张:10 字数:221 千

2025 年 3 月第 1 版 2025 年 3 月第 1 次印刷

ISBN 978-7-5689-4976-7 定价:39.00 元

前 言

　　安全人机工程是运用人机工程学的理论和方法研究"人—机—环境"系统,并使三者在安全的基础上达到最佳匹配,以确保系统运作高效、经济的一门综合性科学。其主要从活动者的生理、心理的需要入手,着重研究人在从事生产或其他活动过程中,在能实现效率的同时又能最大限度地免受外界因素的作用机理,为预防与消除危害的标准与方法提供科学依据,从而达到实现安全卫生的目的,确保人类能在安全健康、舒适愉快的条件与环境中从事各项活动。因此,安全人机工程课程设计让学生们通过运用相关科学的知识与技术手段,设计或改进某个(或某些)事物,最大限度地保障人的安全、健康、舒适和高效。《安全人机工程课程设计选编》选取了学生们"原汁原味"的课程作业以及课程设计,为师生实施教学环节提供了参考,给读者提供了全面的课程资料。通过本书的学习,读者能够应用安全人机工程原理于实际中,从而实现系统的安全、高效、经济、环保。本书含有安全人机工程课程设计指导书、安全人机工程课程设计参考题目(包含设计题目、调研与评议题目、创意方案题目各 15 个,总共 45 个)、安全人机工程课程设计学生设计选编(24 份),以帮助读者将理论知识与实际工程相结合。

　　以下是本书选编的说明:

　　1 本书共计选入学生设计 24 份,其中贵州大学矿业学院 2021 级安全工程专业学生设计 11 份,2020 级安全工程专业学生设计 5 份,2019 级安全工程专业学生设计 6 份,2018 级安全工程专业学生设计 2 份,皆是在讲授安全人机工程课程时本科生完成的设计,其中包含设计选编、调研与评议选编、创意方案选编,目的是给学生的安全人机工程设计提供一些具体参考。在选编学生设计时,编者主要选编了具有代表性的设计主题与内容。未选入的学生设计并不是存在错误,或是做得不好;而选入的学生设计也不一定优秀,仍存在一些瑕疵。

2.本书选入的学生设计,学生本人一开始并不知情,这是为了保证学生设计的"原始状态",以为本书的读者提供更好的参考价值。在设计选入成书后,我们统计了一份设计案例学生信息表,联系了设计选入本书的同学,并签订了知情同意书,征得了学生的同意。

3.本书在许多细节上还存在一些小问题,因此我们对一些学生设计的格式以及措辞进行了修改,但不包括安全人机工程设计上的基本内容、专业知识、学生作业创意等核心内容。例如:①学生在设计中总是用"我们"这种第一人称,这并不合理,但在个人心得体会与收获这一节可以使用,因此在学生设计中作了修改。②成分赘余,说法不准确,如"散热热能"。③标点符号乱标注、未标注标点符号,以及标点符号格式存在问题(英文输入模式下和中文输入模式下的标点符号混用)。④语言不符合逻辑、前后语句没有联系显得突兀、无衔接句、词语错误等。如"在新的社会条件下大学生越来越喜欢出门旅游。大学校门或多或少存在问题,某些设计不符合人机学的要求。""谈及对交通疏导的满意度时,很满意的仅有10.22%对周围的交通疏导很满意"等语句存在问题,就不在此一一赘述。

随着科技的不断发展,人机交互系统越来越多地渗透到我们的日常生活和工作中。希望本书能够成为安全人机工程领域学习者的重要参考资料,为他们的学习和职业发展提供有力支持。同时,编者期望本书能够激发更多读者对安全人机工程的兴趣,促进相关领域学术研究和实践的深入发展。本书的出版得到了贵州大学安全工程专业国家级一流本科专业建设点的资助,特表示衷心的感谢!编者还要感谢所有为本书编写和出版作出贡献的人员,他们的辛勤工作使得本书得以顺利问世。祝愿本书能够对安全工程领域的读者学习和实践产生积极的影响。

由于编写时间和编者水平所限,书中难免存在疏漏之处,恳请广大读者批评指正。

编　者

2024 年 10 月

目 录

第 1 章
安全人机工程课程设计指导书

1.1 课程设计目的

1) 发现问题,培养能力

通过组织实地考察和实验实践,本课程可激发学生对安全人机工程问题的兴趣和热情,培养学生的观察力和实践能力;同时,引导学生关注现实生活中的安全隐患和风险问题,培养学生的责任感和风险意识,使其成为具有批判性思维和解决问题能力的综合型人才,为建设安全、和谐的社会作出贡献。

2) 运用知识,解决问题

通过案例分析和项目实践,本课程可帮助学生将理论知识与实际问题相结合,注重学生的跨学科能力和综合素养的培养,培养学生创新思维以及发现问题、解决问题的能力,让学生具备多方位的思考和分析能力,为其未来在安全人机工程领域的发展打下坚实基础。

3) 培养基本科研能力

通过实验设计和数据处理实践,本课程可培养学生获取、整理和分析信息的基本科研能力,培养其科学思维;同时,引导学生掌握先进的数据分析工具和方法,提升数据处理的技能,培养学生在安全人机工程领域进行深入研究和创新的能力,为其未来的学术和职业发展提供有力支持。

4) 提高文件整理、写作及语言表达能力

通过编写设计报告和演讲,本课程可培养学生的文件整理、书面表达和语言表达能力;同时,鼓励学生在报告中展示创新思想和解决问题的方法,培养学生的逻辑思维和批判性思维能力,使其能够清晰、准确地表达自己的观点和想法,为未来的学术和职业发展增添竞争优势。

1.2 课程设计内容及要求

1)设计题目

课程设计题目自拟,如《××××的安全人机设计》《××××的改进设计》《××××的创意设计》《××××的调研及设计》《××××的安全人机工程评析与改进设计》《××××的安全人机工程创意与方案设计》《××××中的安全人机工程问题初探》等。

2)主要内容

内容:安全人机系统问题概述、安全人机系统分析、安全人机系统设计等。

3)设计的步骤

(1)设计准备

设计准备阶段是安全人机工程设计过程中至关重要的一个阶段。在这个阶段,学生需要对设计的背景、需求和约束条件进行充分的了解和分析,明确设计的目标和目的,包括用户的需求和期望,以及设计的功能和性能要求,也需要对设计的环境和条件进行全面的调研和评估,包括工作场所的特点、使用者的特性和行为模式,以及相关的法规和标准。因此,需要建立一个有效的沟通和协作机制,确保设计团队的成员能够充分理解和共享设计的目标和约束条件,以便在后续的设计过程中能够有条不紊地进行工作。设计准备阶段的工作将为后续的设计工作及设计的成功奠定坚实的基础。

(2)初始设计规划

在安全人机工程设计的初始设计规划阶段,学生需要对安全人机工程设计的整体框架和基本方向进行规划和设计,对设计的整体目标和范围进行明确定义,包括设计的主要功能和性能要求,以及设计的适用范围和预期效果,对设计的组织结构和流程进行规划,确保设计团队能够进行有效协作和配合,以便在后续的设计过程中能够有条不紊地进行工作;对设计的时间、资源和预算进行合理的安排和分配,确保设计工作能够按时按质完成;对设计过程中可能出现的风险进行充分的评估和预测,制定相应的风险管理和问题解决方案,以确保设计工作能够顺利进行并取得成功。初始设计规划阶段的工作将为后续的设计工作提供清晰的方向和有效的支持。

(3)分析和查阅资料

在安全人机工程设计的分析和查阅资料阶段,学生需要对相关领域的资料进行深入的研究和分析,收集并整理与设计主题相关的资料和文献,包括相关的法规标准、行业规范、技术手册、案例分析等,以便全面了解设计领域的最新动态和发展趋势。分析和查阅资料阶段的工作可为学生在后续的设计工作中提供丰富的知识储备和深刻的理解。

(4)问题探析和具体设计

在安全人机工程设计的问题探析和设计阶段,学生将深入探讨并解决设计中的核心问题和挑战。首先,学生需对之前阶段所收集的资料和信息进行全面的分析,以确保对设计领域的现状和需求有清晰的理解。在这个阶段,学生首先会着重审视可能存在的安全隐患、人机交互界面的设计优化,以及系统性能和用户体验之间的平衡等方面的问题。其次,学生会积极地与设计团队、领域专家以及其他利益相关者进行深入的讨论和交流,以获取多方面的反馈和建议。这种交流有助于学生发现设计中可能存在的盲点或疏漏,并找到更为全面和切实可行的解决方案。

在具体设计的过程中,学生也会运用各种有关的科学知识和方法,如安全学原理、人机工程学原理、系统工程方法、风险评估技术、用户行为模型等,来深入剖析设计中的各个环节,并预测可能出现的问题和挑战。在问题探析的基础上,学生将进行设计方案的制定和优化。这包括对系统结构、界面设计、交互逻辑等方面的深入思考和调整,以确保设计方案既能满足安全性和性能需求,又能提供优良的用户体验。问题探析和设计阶段是整个安全人机工程设计过程中至关重要的一环,通过深入分析和全面思考,能够找到较为优秀的解决方案,并最终完成编写报告,绘制图纸等成文工作。

(5)整理设计材料

在安全人机工程设计的整理设计材料阶段,学生将对前期收集到的各种设计资料进行系统整理和归档。具体做法如下所述。

①首先对所收集到的文献资料、标准规范、案例分析等进行分类整理,建立完善的资料库和知识体系,以便设计团队随时查阅相关资料,快速获取所需信息,提高工作效率。

②对设计过程中产生的各种草图、模型、原始数据等进行整理和归档,确保设计过程中的每一个环节都能被追溯和复盘。这有助于设计团队在后续的优化和改进中,能够充分借鉴以往的经验和教训,避免重复犯错,提高设计质量。

③在整理设计材料的过程中,需要对设计中涉及的各种技术文档、图纸、模型文件等进行统一的命名和编号,建立规范的文档管理体系,以确保设计团队的协作和沟通更加高效和便捷。

整理设计材料阶段的工作不仅有助于总结和沉淀设计过程中的经验和成果,还能为后续的设计评审、验收和知识保留提供有力支持。

(6)提交报告

在安全人机工程设计的提交报告阶段,学生将全面总结和展示设计团队在整个设计过程中所做的工作和取得的成果,准备详尽的设计报告,包括项目背景、设计目标、设计方案、技术路线、实施计划等内容。

在提交报告的过程中,学生需确保报告的内容翔实准确,结构合理,表述清晰,以便相关部门和机构能够全面了解设计方案的内容和价值。同时,学生也将根据评审意见和建议对设计方案进行进一步优化和完善,以确保设计方案的质量和可行性达到最佳状态。

4）基本要求

分组:自选分组,不超过 5 人,以小组为单位。

设计报告内容包括:

①封面:统一使用"安全人机工程课程设计"封面。

②摘要或设计研究内容简介:500 字左右(有摘要这类格式的设计,需列出关键词且不超过 5 个)。

③正文:结构清楚、层次分明、论述严谨、文字简练,图文并茂,字数无规定要求。

④小结或心得与体会。

⑤参考文献:设计所引用的文献、书籍、科技杂志等,按《信息与文献 参考文献著录规则》(GB/T 7714—2015)著录格式。

说明:上述①②③在设计中必须有体现,④⑤可以没有。

提交:设计报告以 A4 纸双面打印,于左侧装订成册;插图可用附页,也可附在文稿中,应认真绘制,清晰美观。

1.3　课程设计评分标准

考核与成绩评定如下所述。

1）考核方式

本课程为实践课程,以课程设计报告进行考核。

2）成绩构成

考核以百分制给出最终成绩。考核成绩按表 1.1 评分标准进行评分。

表 1.1　报告成绩评分标准

序号	评定项目	标准	分值/分	总分值/分
1	课程目标1:从生产和生活中发现安全人机工程问题,收集和分析信息,培养学生发现问题和思考问题的能力	未完成	0～18	30
		基本完成	18～21	
		比较正确	21～27	
		有创新性	27～30	

续表

序号	评定项目	标准	分值/分	总分值/分
2	课程目标2:加深学生对安全人机工程知识的理解,学会运用课程知识解决实际问题	未完成	0~18	30
		基本完成	18~21	
		比较正确	21~27	
		有创新性	27~30	
3	课程目标3:培养学生获取研究信息数据并对数据进行处理和分析的基本科研能力	差	0~12	20
		一般	12~14	
		较好	14~18	
		好	18~20	
4	课程目标4:培养学生撰写报告及图纸的语言表达能力、编写及遵守格式规范	差	0~12	20
		一般	12~14	
		较好	14~18	
		好	18~20	

第 2 章
安全人机工程课程设计参考题目

2.1 设计题目

1）学校办公桌和椅子设计

学校办公桌和椅子设计以提高办公人员的舒适度和工作效率为目的,对常规办公桌和椅子进行改进,可以以学校具体的某一办公室作为例子。

2）智能手机和平板电脑支架设计

智能手机和平板电脑支架设计需结合市面上已有的产品,重点考虑材料、配色、功能等方面,使用户更容易操作和减少使用疲劳。

3）汽车驾驶室的设计

汽车驾驶室的设计使驾驶员更容易操作各种控制器,减少驾驶疲劳和提高安全性。

4）轮椅设计

设计适合行动不便老年人的轮椅设备,考虑他们的生理特点和需求,提高轮椅的安全性和便利性。

5）公共交通工具的座椅布局和扶手设计

公共交通工具的座椅布局和扶手设计提高乘客的舒适度和安全性。

6）残障人士使用的交通工具设计

考虑残障人士的特殊需求,设计交通工具,提高他们的出行便利性。

7）我校(院)路灯改进设计

我校(院)有些道路路灯太暗,行人看不清道路。有些道路行人很多,却没有路灯。设计

6

时应不仅考虑路灯本身改进,还要考虑其位置的影响。

8)我校(院)安全指示牌改进设计

改进设计校园内安全指示牌,使其既明显又起到警示作用。

9)我校(院)部分设施的人机工程学改进设计

我校(院)部分设施如公共桌椅、人行道路、浴室以及开关按键等应根据人机工程学改进设计。

10)我校(院)学生公寓晾衣杆高度改进设计

考虑大部分学生身高,我校(院)按男生公寓和女生公寓确定晾衣杆高度,方便学生晾衣。

11)我校(院)学生公寓洗漱台、阳台、洗手间、床位等空间改进设计

考虑大部分学生身高,按男生公寓和女生公寓确定洗漱台、阳台、洗手间、床位等高度,方便学生使用。

12)公共洗手间的位置合理性改进设计

合理改进设计公共洗手间位置,使之能够方便各类人群。

13)校园内过道和草坪规划合理性改进设计

合理规划过道和草坪既可省下行人行路时间又可增加观赏性,可以从平时校园生活被踩踏的草坪形成的道路中看出道路规划不合理。

14)家电遥控器改进设计

可以从家电遥控器握感、触感、按键大小,按键布置、字体、符号、颜色等方面进行改进设计。

15)婴儿推车改进设计

结合婴儿推车的用途,充分考虑婴儿及家长的需求,设计一款多功能舒适型婴儿推车。

2.2　调研与评议题目

1)某市地铁站牌的人机工程学调研与评析

地铁站牌位置、大小、颜色以及内容等是否醒目?是否对乘客来说方便?

2)某市地铁车厢的人机工程学调研与评析

调研车厢出入口高度是否会碰头、车厢内座椅是否舒适、站立扶手高度是否合理等问题,提出相应评析。

3)某市地下通道的人机工程学调研与评析

调研出入口、电动扶梯、步行楼梯以及行人道路等问题,提出相应评析。

4)某地下采矿场地施工中人机工程学问题的调查报告

从地下采矿场工作环境,设备装置入手调查并作出报告。

5）某商场中电梯的人机工程学调研与评析

调研人流量以及电梯设备本身相关方面的问题，提出相应评析。

6）某商场卫生间中的人机工程学调研与评析

调研某商场卫生间结构、布局、数量、符号、颜色、提示等因素的合理性，提出相应评析。

7）某商场步行扶梯的人机工程学调研与评析

调研某商场步行扶梯的宽度、高度、站立位置大小以及速度快慢等问题，提出相应评析。

8）学校学生宿舍中的人机工程学问题评述

考虑学生们使用宿舍中设备的场景和需求，设计符合人体工程学原理的交互方式，使操作更加顺畅、自然，减少学生们疲劳和错误操作。

9）学校师生食堂中的人机工程学问题评述

考虑师生们使用食堂中设备的场景和需求，设计符合人体工程学原理的交互方式，使操作更加顺畅、自然，减少师生们疲劳和错误操作。

10）学校道路规划中的人机工程学问题评述

考虑学校道路的布局、数量、宽度、环境、适应度等问题，对学校道路从人机工程学角度进行评述。

11）关于圆珠笔的人机工程学评述

考虑使用者的需求设计圆珠笔。

12）商场标识系统的人机工程学调研报告

调研商场标识设计的符号性、信息传达、识别性、显著性、视觉效果等问题，作出调研报告。

13）关于手机外观设计的人机工程学调研与评析

什么样的外观设计更符合人体工程学原理的交互方式？

14）AR 眼镜外观设计的人机工程学调研与评析

AR 眼镜是增强现实眼镜的简称，通过 AR 技术将虚拟信息叠加到现实世界中，使用户可以看到增强现实虚拟内容与真实世界的结合。这些眼镜通常配备摄像头、传感器和显示器，可以给用户提供更丰富的交互体验，例如在场景中显示路线导航、实时信息等，调研 AR 眼镜外观设计并提出评析。

15）老年人使用 AR 眼镜的人机工程学调研与评析

以最近新出的 Apple Vision Pro 为例，对老年人使用 AR 眼镜从人机工程学出发，进行调研与评析。

2.3　创意方案题目

1）校园立体绿化的创意和方案设计

什么样的校园立体绿化更赏心悦目？通过创意与方案设计进行改进。

2）家庭电器布局的创意和方案设计

怎样使家用电器布局更安全、方便和美观？通过创意与方案设计进行改进。

3）新型水杯的创意与方案设计

传统水杯在更换茶叶时需要用手操作，不卫生，设计一款不需用手拿取茶叶但能做到茶与茶水分离的水杯，通过创意与方案设计进行改进。

4）牙膏盒的创新与方案设计

总会有这样一个场景，人们在挤牙膏时控制不好牙膏的用量，导致挤出的牙膏过多或过少，思考并用设计解决这一问题，通过创新与方案设计进行改进。

5）易拉罐开口的创新与方案设计

传统的易拉罐开口设计对于指甲不长或做过美甲的人很不友好，需设计新的开口，通过创新与方案设计进行改进。

6）易拉罐罐口处的创新与方案设计

与上述问题不同，这里的罐口是指当拉开圆形拉扣后，形成的一个缺口，这个缺口需要用嘴对着才能喝到饮料，但是这个缺口处比较锋利，容易造成划伤，思考利用设计改变这一状况。

7）笔记本键盘的创新与方案设计

笔记本键盘的使用人群明显地感受到上下键设计过于小巧，即 Page Up 和 Page Down 键会让使用人群容易按错，通过创新与方案设计进行改进。

8）眼药水瓶的创新与方案设计

一个人在使用眼药水时总是滴到眼睛外面，　　　　　　　改进。

9）U 盘的创新与方案设计

U 盘在连接计算机时总是分不清楚接口方向　　　　　能直接连接计算机，而不需要分辨方向，通过创新与方案设计进行改进。

10）抽水式饮水机的创新与设计方案

生活中存在这样一种情况，使用手动抽水式饮　　　　　又不好把控出水的多少，人们希望可以解决这一问题，通过创新与方案设计进行改进。

11）瓶盖的创新与设计方案

"帮我打开瓶盖吧，我打不开。"想必大家都听过这句话，那什么样的瓶盖才能够轻松地被

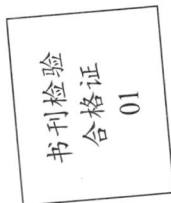

打开呢？通过创新与方案设计进行改进。

12）蚊香的创新与设计方案

蚊香是两片并在一起的，需要用力才能将其分离，而用力过大又容易损坏蚊香，通过创新与方案设计进行改进。

13）衣服商标的创新与设计方案

人们在试穿衣服时，衣服商标会卡在脖子位置，容易划伤皮肤，通过创新与方案设计进行改进。

14）安全疏散标志设计的创新与设计方案

现有的安全疏散标识牌大多为平面结构，人们只有在面对安全疏散标识牌正面时才能看清上面信息，而在面对安全疏散标识牌的侧面时不易看清上面信息。一旦发生火灾，在烟雾中更加难以识别安全通道方向，有什么办法可以解决这个问题？通过创新与方案设计进行改进。

15）透明式胶带的创新与设计方案

人们在使用过透明胶带后，如果不连续使用，一旦胶带重新粘上，再次使用就得重新查找分界处，通过创新与设计方案进行改进。

第 3 章
安全人机工程课程设计学生设计选编

3.1 设计选编

3.1.1 键盘的人机工程与改进设计

贵州大学矿业学院　安全工程系　付丽平

【摘要】

根据人们日常生活中使用键盘的习惯和特点,本设计从传统键盘中按键布局的不合理以及缺失的一些常用功能入手,分析了人在操作键盘中容易产生疲惫感的原因和键盘对人工作造成的影响,结合安全人机工程学原理对传统键盘进行适当调整和改进,使人在使用的过程中感到更加舒适和高效。

【关键字】

人机工程学;键盘;设计

【正文】

伴随着互联网的蓬勃发展,无论是办公还是学习,计算机俨然成了人们生活中不可或缺的一部分,但使用计算机带来的问题也随之而至。键盘作为计算机最主要的直接输入工具,其不合理的设计和人长期不规范的使用都会让人产生诸如疲劳、手腕疼痛、累积性骨骼肌为损伤、坐姿不良等问题,导致人们出现颈部和腰部损伤等不良反应。

本设计合理利用安全人机工程学的知识和理论对键盘进行改进设计,结合人的生理和心理特点,辅以人的日常行为习惯,使人—机—环境系统协调统一,让人们普遍使用的键盘更加安全、经济、高效、环保。

1）键盘的按键布局

目前较为常见的键盘为国际标准键盘——QWERTY 键盘，为方便使用，人们普遍将键盘分为主键盘区、数字键区、功能键区、控制键区以及状态指示区，如图 3.1 所示。

图 3.1　键盘分布图

（图片来源：金山打字）

其中，主键盘区最下面一行的 Ctrl、Alt 键基本呈对称分布，但除了布局美观其实际使用频率并不高。人们在使用计算机进行浏览、修改操作时，常常会用到快捷键，由于习惯右手执鼠标而左手单手操作键盘，因此常使用左边的 Ctrl 和 Alt 键而几乎不使用右边部分，其实右边部分也有很多快捷键，只是布局不合理，此情况导致人们宁愿放下鼠标用右手来辅助快捷键的使用（如果用双手的话也就失去了快捷的意义），如 Ctrl+F5、Ctrl+F4 操作的距离就大于 15 cm（在使用左边的 Ctrl 键时显然人的手是处于扭曲状态的），常使用的局部截屏快捷键 Alt+Print Screen，以及在 Excel 表格中常用到的 Alt+Page Up、Alt+Page Down、Alt+↓ 等快捷键也并不方便。解决办法是，将键盘右边的 Ctrl 键和 Alt 键位置进行调换，这将大大增加它们的使用频率，既使其使用更有效，也使人们的操作更便捷。

在进行大量输入操作时，人们需要的按键集中在主键盘区，通常利用盲打来提升速度，这就要求键盘对手指进行合理的分工，以下是常用的手指分工情况，如图 3.2 所示。

图 3.2　常用手指分工情况图

　　从图 3.2 中可看出,人的小指承担了绝大部分的按键操作。然而实际上,小指在人的十指中最为瘦弱,力量较小、灵活性较差,长期操作会导致小指负担过重,并且在盲打过程中一些使用频率较高又处在边缘的键常常会使手指离开基准键位,大大降低编辑的速度,如使用 Backspace 键和 Enter 键时,人们可能会误按其邻近的按键。解决这个问题的办法是减少小指的使用频率,如拇指的使用频率就较低,且更为灵活和有力,因此,可将 11.2 cm 的空格键左右分别划出 1.4 cm 的长度,设置使用频率较高的 Backspace 键和 Enter 键,这样便可通过增加大拇指的使用频率来降低小指的使用频率,从而减少小指工作量。

　　Insert 键通常是人们使用的一个知识盲区,新手在点击 Backspace 键时常常会不小心触碰到覆盖和插入的转换键,从而覆盖其录入过的文本。解决这个问题的办法是直接将 Insert 键取代右上角 Backspace 键,通过减少对右上角 Backspace 键的习惯定型来减少对 Insert 键不需要时的误用。至此,主键盘区的按键更改完成,主键盘区按键更换图如图 3.3 所示。

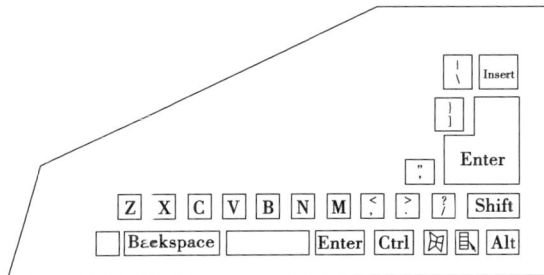

图 3.3　主键盘区按键更换图

2) 键盘功能的增添

　　控制键区基准位。为了更好地实现盲打功能提升编辑速度,传统键盘分别在主键盘区的"F"键、"J"键以及数字键盘区的"5"键设置了局部的凸起,以便人们识别从而实现盲打,但在控制键区却没有这样的凸起,无法实现控制键区的盲打。因此,根据控制键区按键布置情况,在处于居中偏下位置的"↑"键设置凸起,同时按照使用功能将其余键集中排布在"↑"键周围,这样可以更好地实现控制键区的盲打,如图 3.4(a)所示。

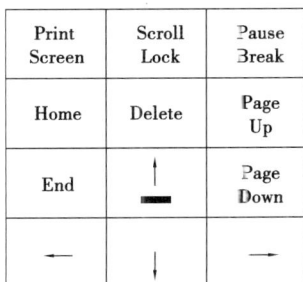

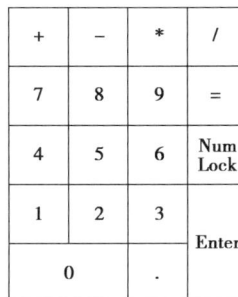

（a）在↑键设置凸起　　（b）将NumLock键下调

图 3.4　键盘功能增添图

数字键区等号。在传统数字键区中,没有"＝"键这一按键,故每次使用"＝"键时人们只能从数字键区跳到主键盘区去找,这显然阻碍了"＋""－""＊""／"和"＝"键的连贯使用,给数字编辑的工作带来了不便。为此,将数字键区较长的加号键分为两个键,新增一个等号键,并按加减乘除依次排列,将 NumLock 键下调,使人们在使用数字键区时更加自然方便,如图 3.4 (b)所示。

3)上机姿势

人们在使用传统键盘时需要将双手放在基准键上,相距 4.5 cm 左右,通常有两种姿势。一种是手肘悬空,手臂靠在桌子边缘,靠手腕的力量进行工作,此姿势有助于保持两手间距离较近,不至于让手臂弯曲,但手肘的悬空容易让人感觉到疲惫,不适合人长时间的工作。另一种是更接近于人的自然状态,手肘和手臂自然放在桌上,此姿势人会比较舒适且不易疲惫,但进行敲击时必须由手掌相对改为手掌向下,传统键盘是竖直放置,手掌不得不通过弯曲来达到敲击的目的,与此同时,人手长时间地大幅度弯曲也会导致手腕疼痛等问题。解决此问题的办法是将按键倾斜放置,左手键和右手键之间的夹角约 20°,如图 3.5 所示,人手肘自然放置桌上,手掌向下前伸时夹角为 60° ~ 70°,此时人可以舒适地弯曲手肘以达到敲击的目的。

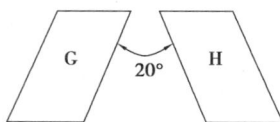

图 3.5　左手键和右手键之间的夹角约 20°

4)键盘使用中的噪声问题

如今人们普遍使用的都是机械键盘,它的每一个按键都由一个微动开关组成,因此打击感较强,噪声较大,白天敲击时键盘的声响会影响自己和周围工作伙伴安静地思考,降低工作效率;晚上敲击键盘带来的噪声还会影响室友的休息。解决键盘的问题可以从以下两方面考虑。

一是将机械键盘换为塑料薄膜键盘。塑料薄膜键盘内部是一层双层胶膜,可以通过降低敲击时的机械磨损来减少噪声问题,不过由于其价格低廉在选用时应注意材料的使用。

二是适当降低按键的高度。传统机械键盘为方便敲击,按键安装较为松弛,且从按下到弹起有一定的高度,因此在每次按下再弹起时按键容易产生晃动、碰撞,发出噪声,降低按键的高度可以减少出现晃动的情况,从而降低噪声。

5)总结

本设计通过以上对传统键盘的分析,在整体按键布局、日常功能增设、操作姿势和噪声等方面进行了人机工程学的研究,从人使用键盘的日常习惯入手,进行合理的设计和改进。键盘是计算机的主要输入设备,随着计算机的普及,对其进行合理的人机界面设计非常必要,改进后的人机工程学键盘相较于传统键盘而言,让人在使用人机工程学键盘的过程中有更加舒适的体验感,提高工作的效率,真正实现人机的和谐交互。

3.1.2　基于行人步行特征对校园内石板路铺设的调研及改进设计

贵州大学矿业学院　安全工程系　邓依婷　曾艳

【摘要】

石质铺装道路俗称石板路,常见于校园、公园、景点等地,此种道路既有通行作用又有装饰美化环境的作用。为了提高石板路的舒适度,通过查询步行特征等相关资料,对国人的步幅进行研究,以得到合理的步行距离,从而对大学校园内此种路型的宽度、间距和相邻两板的中心距提供铺设建议值,提出校园石板路的改进设计方案,使石板路的铺设更加舒适化和人性化。

【关键词】

石质铺装道路;人行道特征;大学校园

【正文】

石质铺装道路又称石板路,铺在草坪上的道路又称草坪汀步,多见于校园、公园、景区等场所(图 3.6)。石板路在大学里很常见,其一,它本身具有观赏性,可让行人在不影响景观的情况下通行。其二,石板路的设置可在一定程度上引导行人不去踩踏草坪。

图 3.6　石板路

查阅资料可知,在现行规范中,除《城市绿地设计规范(2016 年版)》(GB 50420—2007)规定绿地小路的宽度不应小于 0.8 m 外,《城市道路工程设计规范(2016 年版)》(CJJ 37—2012)、《公园设计规范》(GB 51192—2016)及其他相关规范中,并未对这种石质铺装的铺设要素如板宽、板边距、相邻石板中心距等进行详细规定。因此,石板路的铺设较为随意,未充分考虑到人的步行特征,从而导致这种石板路欠缺一定的舒适性。在日常生活中,常常能看到人们为了方便不走石板路而走石板路附近,容易踩踏到草坪,与石板路设计的初衷背道而驰。

1)学校石板路调查

选取我校博学西路前的石板路、从四食堂到摆渡车旁的石板路、图书馆前的石板路进行调查。结合对路人的调查结果得出以下结论:

①对于所调查的石板路,受调查者表示散步或慢走还比较好走,一旦用正常速度或加快步频走就不好走。

②受调查者还表示,石板与石板间距过小。

2)实地测量结果

对学校相关石板路进行调查,发现人们在行走其中一些石板路时并不舒适。石板路的建筑元素主要是板块的宽度 b,两块相邻板的中心距 c 和两块相邻板两边之间的距离 d,$b+d=c$(图 3.7)。其中,影响 b 的主要因素是行人的脚长,c 则与行人步幅有关。对 3 处调查地点石板施工要素进行测量,得到相关数据,见表 3.1。

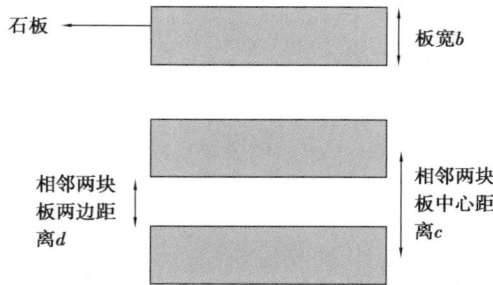

图 3.7　石板路施工要素

表 3.1　校园石板路铺设要素测量值

调查地点	板宽 b/cm	相邻两板边距离 d/cm	两板中心距 c/cm
博学西路	30	25	55
摆渡车站	30	15	45
图书馆	40	15	55

3)人体步行特征

文献调查发现,在目前已有行人步行特征的研究中,安友军等运用人机工程学原理计算步幅的第九和第九十五百分位数,并求出各年龄段铺设石板路的建议值。杨艳群等研究了步幅的影响因素,除此之外,国外还有很多学者对不同地区的行人步行特征进行了研究。查阅资料可知,《园林绿化工程施工及验收规范》(CJJ 82—2012)中有汀步间距的规定,然而这里的汀步是指水池汀步,而非草坪汀步,即目前国内鲜有石板路间距相关尺寸的权威标准,所以本设计将在上述研究的基础上从国人步幅入手,探究石板路的间距值c;从足长入手,探究适当的板宽值b,即有$d=c-b$确定相邻两板边距离的结论。

4)国人的步幅标准

取我国男子均高169.7 cm,我国女子均高158.6 cm,不同步幅资料中步距与身高关系对比结果见表3.2。在步幅中,区间直取中间值计算平均值得出:男子步幅约为76 cm,女子步幅约为69.5 cm,夏卿等验证后发现计算值与实际值相差不大。

表3.2　不同步幅资料中步距与身高关系对比结果

公式来源	《血字的研究》	《痕迹学》	《物证技术学》	《行走革命530》
公式	身高=双步+1/2足迹长	区间值	步长=3×足迹长	步长=身高×0.45
男子步幅/cm	约78	70~80	约75	76
女子步幅/cm	约73	60~70	约69	71

5)足长的确定

男性身高与足长存在近似线性关系:$y=80.7089+3.68168x$;女性身高与足长存在近似线性关系:$y=91.5761+3.0976x$(其中y为身高,x为足长)。即由男女平均身高分别得出男性足长平均值为24.2 cm;女性足长平均值为21.6 cm。

综上所述,我国男子的平均步幅为76 cm,女子的平均步幅为69.5 cm。男子平均足长为24.2 cm,女子平均足长为21.6 cm。根据上述结论,为石板路铺设要素提供建议值,从人生关怀的角度出发,从步幅较小的均值考虑,石板间距取70 cm,为防止对草坪造成踩踏,板宽应大于足长,为石板路铺设要素提供建议值见表3.3,其推荐铺设间距见表3.4。

表3.3　石板路铺设建议值

板宽b/cm	相邻两板边距离d/cm	两板中心距c/cm
35	35	70

表3.4　推荐铺设间距

推荐铺设间距	配图说明
步幅70 cm	

大量研究表明,人在行走时,步幅的影响因素很多,上述改进方法适用于使用频率一般的石板路,所调查的3条路均为这种情况,对其他使用频率较高的石板路,即无法兼顾步幅变化

的路,提供其他铺设方法进行改进设计,具体见表3.5。

表 3.5　推荐铺设方法

推荐铺设方法	配图说明
方法一:可利用任意大小步石,保持细密间距铺设,尽量减少间隙,使间隙密至 5 cm 以下,脱离脚步与步石间距的依赖,从而达到全步伐可行,即使踏到间隙也不妨碍行走	 间距<5 cm
方法二:用 35 cm 宽的石板交互穿插,保证有一人宽的无间隙路段	 宽35 cm

6)总结

根据所测数据结合理论分析可得,我校 3 条石板路的板间距(两板中心距)均远小于我国男女平均步幅,3 条石板路均有待改进,用建议铺设值的步幅铺设会更加舒适化、人性化。通过查阅资料和计算所得:我国男子的平均步幅为 76 cm,女子的平均步幅为 69.5 cm。男子平均足长为 24.2 cm,女子平均足长为 21.6 cm。当然此次报告还存在不足,所计算步幅均为水平步幅,也未探究人在倾斜路面行走时步幅是否与水平一致,未对倾斜石板路的铺设进行探讨。

3.1.3　宿舍火警问题的人机工程学研究与改进设计

贵州大学矿业学院　安全工程系　叶雍　刘利　李驰宇

1)设计研究内容简介

本设计以研究高校宿舍灭火系统为对象,对如何在高校宿舍中设置"宿舍灭火报警一体化装置"进行研究。近年来高校火灾频发,严重威胁到高校师生生命和财产的安全。设计目的是在高校寝室中发生火灾时,将火灾第一时间控制在初始阶段,让师生能够及时地采取有效的灭火措施,并对用电问题进行自动断电处理,保障师生的人身安全,最大限度地减少火灾造成的生命和财产损失。本设计主要通过观察环境对宿舍的消防灭火问题提出改进方案。

传统的宿舍消防装置包括烟雾探测器和消防喷淋头两种,但传统方式有功能不集中的缺点。且当火灾发生时,电器由于未能及时断电,与喷洒下来的水触碰在一起,极有可能发生触电危险。通过查阅资料,以及利用所学知识对宿舍消防装置进行更加完善的改进,研发出"宿舍灭火报警一体化装置",该装置将两者功能结合于一身,同时增添宿舍自动断电装置,可以运用到宿舍,避免绝大部分类型的火灾发生。

2）研究背景及意义

（1）社会调查情况

21 世纪以来,社会的发展带动了高校管理工作的改革,我国的高等教育事业进入了改革与发展的重要时期。对学生的思想政治教育与生活管理及服务成为国家教育工作中的重要环节。当代高校学生宿舍,人口密集,室内财物多,用电负荷大,容易引起用电火灾或其他明火火灾,火灾一旦发生,蔓延迅速,扑救困难,容易造成重大财产损失和人员伤亡,后果非常严重,这是我校消防工作的重点。校园宿舍火灾是经常性发生的一类火灾,校园火灾案例如图 3.8 所示。

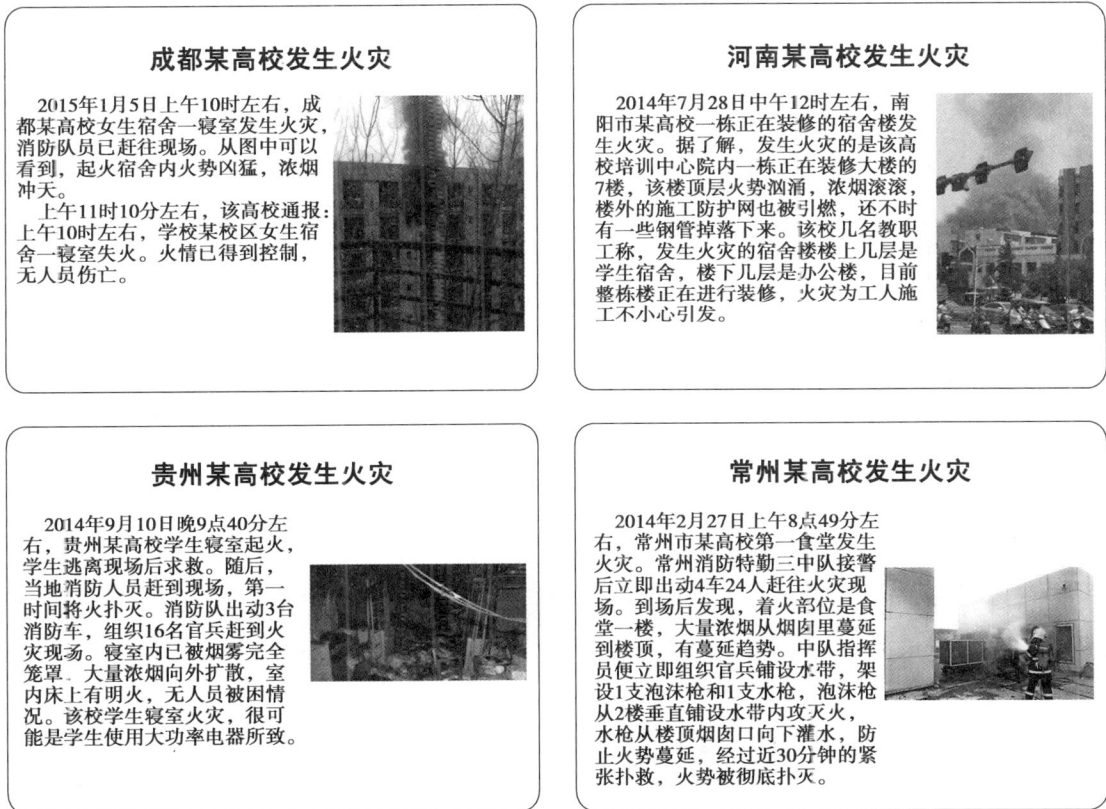

成都某高校发生火灾

2015年1月5日上午10时左右,成都某高校学生宿舍一寝室发生火灾,消防队员已赶往现场。从图中可以看到,起火宿舍内火势凶猛,浓烟冲天。

上午11时10分左右,该高校通报:上午10时左右,学校某校区女生宿舍一寝室失火。火情已得到控制,无人员伤亡。

河南某高校发生火灾

2014年7月28日中午12时左右,南阳市某高校一栋正在装修的宿舍楼发生火灾。据了解,发生火灾的是该高校培训中心院内一栋正在装修大楼的7楼,该楼顶层火势汹涌,浓烟滚滚,楼外的施工防护网也被引燃,还不时有一些钢管掉落下来。该校几名教职工称,发生火灾的宿舍楼上几层是学生宿舍,楼下几层是办公楼,目前整栋楼正在进行装修,火灾为工人施工不小心引发。

贵州某高校发生火灾

2014年9月10日晚9点40分左右,贵州某高校学生寝室起火,学生逃离现场后求救。随后,当地消防人员赶到现场,第一时间将火扑灭。消防队出动3台消防车,组织16名官兵赶到火灾现场。寝室内已被烟雾完全笼罩。大量浓烟向外扩散,室内床上有明火,无人被困情况。该校学生寝室火灾,很可能是学生使用大功率电器所致。

常州某高校发生火灾

2014年2月27日上午8点49分左右,常州市某高校第一食堂发生火灾。常州消防特勤三中队接警后立即出动4车24人赶往火灾现场。到场后发现,着火部位是食堂一楼,大量浓烟从烟囱里蔓延到楼顶,有蔓延趋势。中队指挥员便立即组织官兵铺设水带,架设1支泡沫枪和1支水枪,泡沫枪从2楼垂直铺设水带内攻灭火,水枪从楼顶烟囱口向下灌水,防止火势蔓延,经过近30分钟的紧张扑救,火势被彻底扑灭。

图 3.8　校园火灾案例

（2）现状分析及独特认识

为防患于未然,针对我校 15 栋宿舍楼,调查发现宿舍火灾发生时,烟雾探测器和消防喷淋头装置在报警及喷水时存在不合理的安全人机现象,因为报警和喷水系统不是一体化装置,并且在消防喷淋头喷水时,宿舍内的插板未断电,很可能引起触电事故,造成人身安全和财产安全方面更大的损失,本设计对此提出分析并进行改进。

3）研究方案

（1）设计研究的目标

设计研究的目标为研究"宿舍灭火报警一体化装置"。

（2）内容

本设计灵感主要来源于宿舍房间的灭火设计。我们在宿舍每个房间顶部都会看到,天花板上安装有一种白色的装置——烟雾报警器(图3.9),也被称为感烟式火灾探测器、烟感探测器。它主要应用于消防系统、安防系统建设中,是一种典型的由太空消防措施转为民用措施的设备,主要通过监测烟雾的浓度来实现火灾防范。火灾的起火过程在一般情况下会伴有烟、热、光3种燃烧产物。在火灾初期,由于温度较低,物质多处于阴燃阶段,所以会产生大量的烟雾。烟雾是早期火灾的重要特征之一,烟雾报警器就是利用这种特征开发的。

该装置优点:体积小、价格低、耐震动、寿命长,很有发展前途。

该装置缺点:该装置的作用仅限于报警系统,没有提供灭火装置。

宿舍环境空间小,可燃物多,一旦发生火灾,如没有及时控制火势灭火,宿舍将会被烧毁,造成较大财产损失。同时,对于通风性不好的宿舍,房间可短时间聚集大量可燃气体,形成爆炸隐患。

除此装置外,本设计还借助到另一种装置:消防喷淋头(图3.10),它是一种热感消防装置,通过温度的提升来预判是否发生火灾。当温度达到一定程度后,玻璃球体内充有膨胀系数较高的有机溶液受较高温度产生热膨胀,玻璃球体破碎,管路内的水流喷向特殊设计的溅水盘,这时溅水盘会向上、向下或向侧方喷洒,从而达到自动喷水灭火的目的。该装置适用于环境温度4~70 ℃的工厂、医院、学校、机场、商场、宾馆、餐厅、娱乐场所以及地下室等自动喷水灭火系统管网。

图3.9　烟雾报警器　　　　　　　　图3.10　消防喷淋头

该装置优点:遇到火灾时会自动喷水,并有效控制、扑灭初期火灾。

该装置缺点:该装置仅提供了喷水系统,没有报警系统。而且,对于宿舍电路起火反而会造成较大安全隐患。

增添自动断电装置。当发生电路引起的火灾时,室内温度上升,温度达到一定程度时,玻璃球体内充有的膨胀系数较高的有机溶液受较高温度的热膨胀使玻璃球体破碎,玻璃管下方的开关闭合,触发报警装置同时断开220 V家用电源。与此同时,管路内的水流喷向特殊设计的溅水盘,使溅水盘向上、向下或向侧方喷洒。电源断开后整个宿舍处于无工作电流状态,便可以利用水来直接灭火,以防发生触电危险,从而达到先断电再灭火的目的。

(3)拟解决的关键问题

基于上述分析,本设计为宿舍灭火报警一体化装置,即是将上述两种系统装置结合起来,并增添宿舍自动断电功能。

设计研究计划:

市场上已出现自动喷水灭火系统装置,不过安装在校园内的较少,而且没有增添自动断电功能的先例。随着科学技术的快速发展,自动喷水灭火系统在系统运行方式、喷头设备以及应用范围扩展等方面的改进较大。本设计希望能在原有自动喷水灭火系统运行的方式上,研发出能够结合报警、断电、喷水于一体的灭火系统,使得自动喷水灭火效果得到显著提升,保障师生们的人身安全,最大限度地降低火灾造成的生命和财产损失。

进展:研发模型如图 3.11 所示。

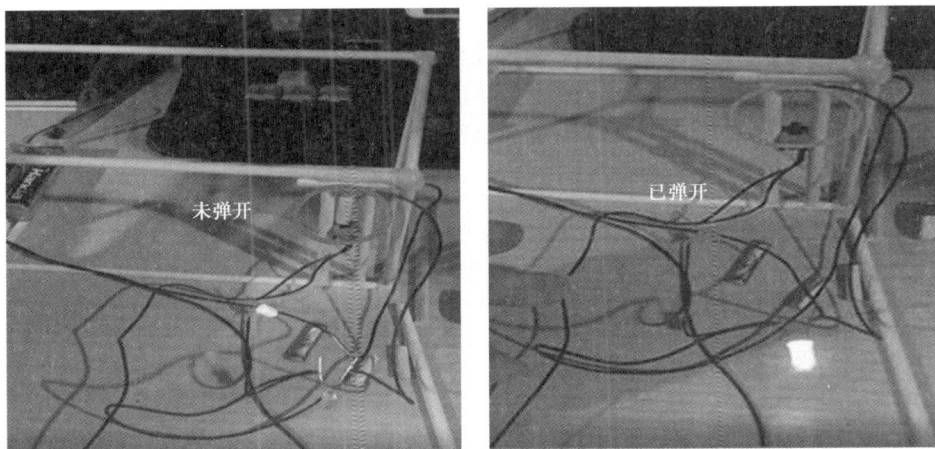

(a)家用电源通路状态　　　　　(b)报警开关通路状态

图 3.11　研发模型

4)项目的特色和创新点

该装置的突出特点是将原有传统装置做到最大限度的简化,节约制造、安装时的成本及工序。该装置最大的创新点在于在原有传统火灾报警装置的基础上添加了自动断电装置,防止在火灾发生时因灭火流体导电而发生二次危险,做到安全性更高、报警更及时以及适用面更广。

5)研究基础

(1)已具备的条件

首先,我校消防系统目前已相对完善,每一层楼都设有专门供应灭火的消防用水的管道。这些可以让该装置安装起来更加方便,而且不用花费太多的成本。其次,学校的每一间宿舍都有独立的电力系统,在发生火灾时报警装置启动,既可断开该宿舍电源,也不会影响其他宿舍正常用电,为装置的运行提供可行性支撑。

现有研究成果:前不久小组成员动手制作了一个简易模型,在火灾发生时能够自动断电并开启报警状态。

(2)尚缺少的条件

实验模型未完善。

(3)拟解决的途径

用计算机软件实现场景模拟,完整体现出整套设备的工作原理。

6)组成构件

(1)触发器件

在火灾自动报警系统中,自动或手动产生火灾报警信号的器件称为触发器件,主要包括火灾探测器和手动火灾报警按钮。不同类型的火灾探测器适用于不同类型的火灾和不同的场所。手动火灾报警按钮是以手动方式产生火灾报警信号、启动火灾自动报警系统的器件,也是火灾自动报警系统中不可缺少的组成部分。

(2)火灾报警装置接收端

在火灾自动报警系统中,用以接收、显示和传递火灾报警信号,并能发出控制信号和具有其他辅助功能的控制指示设备称为火灾报警装置接收端。火灾报警控制器就是火灾报警装置中最基本的一种。火灾报警控制器担负着为火灾探测器提供稳定的工作电源;监视探测器及系统自身的工作状态;接收、转换、处理火灾探测器输出的报警信号;进行声光报警;指示报警的具体部位及时间;同时执行相应辅助控制等诸多任务,是火灾自动报警系统中的核心组成部分。

(3)火灾报警装置发送端

在火灾自动报警系统中,用以发出区别于环境声、光的火灾报警信号的装置称为火灾报警装置发送端。它以声、光、音响方式向报警区域发出火灾报警信号,以警示人们采取安全疏散、灭火救灾措施。

(4)消防控制设备

在火灾自动报警系统中,在接收到火灾报警后,能自动或手动启动相关消防设备并显示其状态的设备,称为消防控制设备。消防控制设备一般被设置在消防控制中心,以便于实行集中统一控制。

(5)电源

火灾自动报警系统属于消防用电设备,其主电源应当采用消防电源,备用电源应采用蓄电池。系统电源除为火灾报警控制器供电外,还为与系统相关的消防控制设备等供电。

7)收获与体会

团队在研究这个设计时,有一段时间挺迷茫,不过在小组成员的相互配合下,大家分工合作,设计有了一定的起色。后来有组员提议做一个简易的模型,大家印象可以更深。

当发生因电路引起的火灾时,室内温度上升,温度达到一定数值,玻璃球体内充有的膨胀系数较高的有机溶液受较高温度的热膨胀使玻璃球体破碎,玻璃管弹开,下方开关闭合,触发报警装置同时断开电源。该简易装置若进行改进,能最大限度地达到"宿舍灭火报警一体化装置"的目的,即可运用到宿舍类型的火灾中,该装置最大的改进是解决了因电路引起的火灾。当宿舍发生火灾时,装置自动报警并开始灭火,可以为消防人员争取更多的时间来控制火势,尽可能地减少因起火而造成的损失。

3.1.4 我校西区食堂桌椅舒适度研究

贵州大学矿业学院 安全工程系 杨雪 龙位 田应丹

1)设计研究内容简介

我校西校区 5 个食堂的桌椅各有特色,我们选取每个食堂一楼 3 张桌椅进行了测量,分别测量了桌面高、桌面深、桌面宽、靠背高、椅面深、椅面高、整个椅子的高度,以及桌椅摆放位置之间的距离和预留给同学们的过道的宽度;用实际测量得到的数据与对人体最舒适的桌椅数据进行对比,分析得到各个食堂桌椅有哪些不足和摆放不合理,并进行讨论,以提出一些改进设计建议。

食堂与大学生的高校学习生活质量有着密切的关系,既关系着学生的饮食健康,也决定着学生对母校的评价。从另一个方面来说,每个高校食堂的面貌也是高校的名片,因此本设计希望通过实际研究给予学校食堂一些建议。

2)研究背景及意义

(1)设计的研究意义

社会调查过程中发布了一个关于大学生对食堂桌椅满意度的问卷调查,此问卷一共 15 个题目,调查对象涉及每个年级的学生,这样可以使抽取样本包含我校每个学习阶段的学生,根据收回的问卷,利用问卷调查平台的统计分析功能对调查结果进行处理,并对每个问题进行相关分析。

①在问到学生一周在食堂就餐的频率问题时,有 22.22% 的人几乎都不在食堂就餐、13.33% 的人每 2~3 天在食堂就餐、8.89% 的人每 4~5 天在食堂就餐、55.56% 的人几乎一周每天都在食堂就餐。

②对于食堂桌椅舒适(适合就餐)的问题,66.67% 的人认为食堂桌椅比较舒适、33.33% 的人认为不舒适。

③对于食堂桌椅能否满足学生随身物品放置的需求的问题,40% 的人认为完全可以满足、60% 的人认为有些物品不好放置。

④对于学生去食堂就餐排队前是否会先放置自己的随身物品的问题,80% 的人选择放置、20% 的人选择不放置。

⑤对于学生去食堂就餐会携带什么东西进行调查,超过 50% 的人选择书包、书本、手机、餐巾纸和雨伞。

⑥对于学生认为哪种物品不好放置的问题,在书包、笔记本电脑、雨伞、饭卡和钥匙这几个选项中,68.89%的人认为雨伞是最不好放置的。

⑦对于学生把随身物品放在什么地方的问题(多选),42.22%的人会选择把随身的小物件直接放在口袋里、33.33%的人选择放置在桌面上、68.8%的人选择放置在椅面上、28.89%的人选择直接放在地面上。

⑧对于学生能否接受随身物品直接放置在食堂桌面上的问题,28.89%的人认为"能,很方便",71.11%的人认为"不能,食堂桌面不干净"。

⑨对于学生认为食堂放置随身物品的方式有哪些不足的问题(多选),82.22%的人认为"桌面不干净,不宜放置物品",44.44%的人认为"小物品容易丢失",77.78%的人认为"雨伞滴水,地面湿漉漉的",53.33%的人认为"大件物品无法放置"。

⑩对于学生是否希望食堂桌椅能够有放置随身物品的地方的问题,75.56%的人选择"希望",仅24.45%的人选择不希望或者无所谓。

⑪对于哪一点是学生认为在就餐时最担心的问题(多选),46.67%的人选择"桌椅设计无新意",71.11%的人选择"桌面有残留污渍",60%的人选择"无处放置随身物品",46.67%的人选择"桌面间隙太小"。

⑫对于学生是否在食堂进行过除就餐以外的其他活动的问题,55.56%的人选择"是",44.44%的人选择"否"。

⑬对于学生认为食堂除了就餐以外还可以拥有什么功能的问题(多选),31.11%的人选择看书,44.44%的人选择举办活动,68.89%的人选择讨论问题,8.89%的人有其他的想法。

⑭对于以下两种桌椅学生更喜欢哪一种的选择的问题,84.44%的人选择了如图3.12(a)所示的桌椅,他们认为这种椅子宽敞、美观,后面还可以挂书包等;13.33%的人选择了如图3.12(b)所示的桌椅,他们认为这种更加方便、看着舒服、美观等,2.22%的人选择了其他类型的桌椅,但没有给出原因。

(a)四人位餐桌椅   (b)四人位连体组合桌

图3.12　两种桌椅

以上就是本次调查问卷的全部分析。每一个人对食堂桌椅的舒适度都有着不同的意见,有些人喜欢西区五食堂的桌椅,有些人喜欢西区四食堂或者其他食堂的桌椅;就小组而言,在未进行实验前,小组内成员也是各持己见,但在进行了实验后,成员一致认为西区三食堂的桌椅最好。本问卷是对部分学生进行抽样调查得到的结果,可为研究提供基础数据。

（2）国外高校餐饮建筑现状

国外高校餐饮建筑的发展已趋于成熟,尤其是国外的一些知名高校食堂内部完善的装修文化、空间功能等均有很多值得国内高校借鉴和学习的地方。例如美国哈佛大学食堂空间（图 3.13）,将学生餐厅的实用功能完美地艺术化,很好地展现了该校充满传统气息、历史气息和文化气息的魅力。

图 3.13　美国哈佛大学的食堂空间

再如德国某大学食堂内外空间设计,其利用旧建筑的改造达到内外空间环境的有效结合,餐饮空间整洁安静、设施齐全、经营有序,既是该校园内最受欢迎的建筑场所之一,也是旧建筑改造的典范,如图 3.14 所示。

图 3.14　德国某大学食堂内外空间设计

个人评价:国外的高校食堂发展早已功能完善并已多元化,且食堂是高校很活跃且重要的建筑。食堂既是重要的就餐场所,亡是一个学生和教师就餐之余交流、休息,或举办活动的场所,这在我国高校食堂中较为罕见。纵观我国高校近年来的发展趋势,我国高校值得借鉴的是德国高校餐桌椅的选择以及布局方式。

（3）国内现状

目前国内高校食堂建筑内部就餐空间布局仍沿用过去的传统设计,功能单一,缺少中国文化气息,餐桌椅舒适度有待提升。国内关于餐桌椅布局以及餐桌椅舒适度的研究文献很少。罗桢怡等在《关于食堂餐桌布局的探究》中运用数学建模的方式对过道宽度进行了模拟。

但是在现在的高校食堂中多采用的是连体式餐桌椅,并没有关于两个座位之间宽度是否方便学生就座这方面的研究。陈咏雯在《高校食堂空间复合化设计研究》中虽从拓展多元化的空间功能、组织多层次的空间结构、优化多维度的空间环境、包容多样性的空间行为4个方面提出了具体设计策略,但没有对高校食堂餐桌椅布局和舒适度进行研究。

（4）个人评价

目前国内关于高校食堂的研究主要集中于食堂建筑空间合理布局、食堂空间复合化设计,而针对餐桌椅布局是否舒适、人员活动是否方便方面的研究比较匮乏。

3）研究方案

①目标。本设计从安全人机工程学角度出发,使食堂空间布局最优化及桌椅满足人体的最大舒适度,从而使食堂就餐率得到提高。

②内容。用卷尺对我校各个食堂的桌椅尺寸（桌面高、桌面深、桌面宽、靠背高、椅面高、椅面深和椅高）及过道间距进行测量及数据分析。

③拟解决的关键问题:

a.椅子靠背过低及安全性低的问题。

b.桌面与桌面之间距离过窄容易与人发生碰撞的问题。

c.过道间距设计不合理造成拥挤的现象。

d.人的随身物品（如书包、书本、雨伞等）的摆放问题。

4）项目的特色和创新点

（1）特点

首先在项目开展过程中优先测量了食堂的桌椅尺寸,目的是满足人体最大舒适度的需求;其次测量了食堂的过道间距,目的是实现空间布局最优化。本实验基于实现空间布局最大化和满足人体最大舒适度的要求,最终目标是提高学生在食堂的就餐率。

（2）创新点

针对我校西区食堂桌椅舒适度的研究,把舒适度这个抽象的概念转化为桌椅尺寸和过道间距两个具体的概念,使本设计从一个大的点聚焦为一些小的点,更便于研究。

5）研究基础

①学校图书馆有着丰富的图书资源及论文检索途径,可为项目相关资料的查询提供充足的条件。

②在指导老师的指导下顺利完成研究工作。

③我校为丰富学生饮食和方便学生就近就餐,在西区开设了5个食堂,为项目工作的开展提供优厚的条件,使项目能够顺利进行。

④项目小组各成员能按时完成实验并对实验进行科学分析,提出适当的意见。

6）设计实施情况

①10月8日—10月12日通过问卷星发放"大学生食堂满意度问卷"。

②10月9日9:00—14:30前往我校各个食堂测量桌椅尺寸和过道或者两桌之间的间距,

如图 3.15 所示。过道可作为参考,因为每个食堂桌椅的摆放不同,过道的宽度也不一样。因四食堂两个不连续的桌椅之间的间距很小,不方便同学就餐时入座,故只测量了四食堂的间距,桌椅参数见表 3.6。

（a）五食堂布局

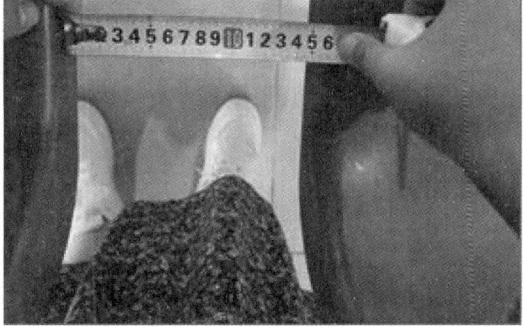

（b）四食堂两桌间距

图 3.15　五食堂布局和四食堂两桌间距

表 3 6　各个食堂一楼的桌椅参数

测量食堂	测量内容	数据 1/cm	数据 2/cm	数据 3/cm	平均值/cm
五食堂	桌面高	75.0	76.1	74.9	75.3
	桌面深	60.1	60.2	60.2	60.2
	桌面宽	60.1	60.0	60.0	60.0
	靠背高	43.2	42.0	43.1	42.8
	椅面高	41.0	41.2	40.8	41.0
	椅面深	35.9	36.4	36.3	36.2
	椅高	84.2	83.2	83.9	83.8
	过道（参考）	262.3（大）	160.3	67.8	—
四食堂	桌面高	76.5	76.5	76.6	76.6
	桌面深	59.6	58.6	59.6	59.6
	桌面宽	59.9	59.4	59.8	59.9
	靠背高	13.0	13.4	12.9	13.0
	椅面高	46.9	46.4	46.7	46.8
	椅面深	29.4	29.9	29.4	29.4
	椅高	59.3	59.8	59.6	59.8
	过道（参考）	108.8（大）	47.0	—	—
	间距	15.4	—	—	—

续表

测量食堂	测量内容	数据 1/cm	数据 2/cm	数据 3/cm	平均值/cm
三食堂	桌面高	75.5	75.6	75.8	75.7
	桌面深	58.6	58.5	58.4	58.5
	桌面宽	59.1	58.9	59.2	59.2
	靠背高	44.9	44.5	44.8	44.9
	椅面高	42.2	42.7	42.3	42.3
	椅面深	40.2	40.2	40.5	40.4
	椅高	87.1	87.2	87.1	87.1
	过道(参考)	91.7	78.0	81.6	—
二食堂	桌面高	74.7	75.1	74.4	74.6
	桌面深	59.6	59.7	59.7	59.7
	桌面宽	59.6	59.8	59.7	59.7
	靠背高	30.0	30.7	30.0	30.0
	椅面高	46.4	46.8	47.8	47.1
	椅面深	30.9	30.9	31.3	31.1
	椅高	76.4	77.5	77.8	77.1
	过道(参考)	45.1	50.2	53.0	—
一食堂	桌面高	75.4	74.2	74.1	74.8
	桌面深	59.7	59.9	59.9	59.8
	桌面宽	59.8	59.9	59.8	59.8
	靠背高	30.5	30.9	30.3	30.4
	椅面高	46.1	46.2	46.2	46.2
	椅面深	30.6	30.4	30.6	30.6
	椅高	76.6	77.3	76.5	76.6
	过道(参考)	50.8	66.8	49.2	—

③小组内进行讨论并完成申报书的内容,同时进行小组内分工,每个人负责各自板块的编写,在 10 月 14 日前完成申报书的所有内容。

7)进行数据分析

(1)小组测量参数与国家标准对比

国家标准规定桌面宽度为≥600 mm,小组测量的 5 个食堂桌面宽度平均值为 597 mm。我校食堂桌面宽度比最低国家标准 600 mm 降低了 3 mm,不符合国家标准。桌面深度平均值为 595 mm,国家标准规定为≥600 mm,不符合国家标准。桌面高平均值为 754 mm,国家标准桌面高为 680 ~ 760 mm。测得的桌面高平均值符合国家标准。椅面高平均值为 447 mm,国家标准为 400 ~ 440 mm,测量参数超过国家最高标准。国家标准规定椅面深应大于等于 260 mm,测量 5 个食堂椅面深平均值为 335 mm,符合国家标准。

(2)对 5 个食堂各参数平均值进行分析

桌面深为 597 mm。桌面的宽度是由两个人面对面用餐时所需要的活动尺度(580 ~ 650 mm),以及人们面对面所需要的心理尺度决定的,一般为 350 ~ 750 mm,这样就可以满足人们正常交往的需要。按人机工程学坐姿活动范围挺直坐立与弯身水平相差距离为 500 mm,头部伸进桌边 100 mm,可以很好地就餐。就餐坐姿人体尺寸参见《中国成年人人体尺寸》(GB/T 10000—1988),具体见表 3.7。

表 3.7　坐姿人体尺寸(单位/mm)

测量项目	年龄分组百分位数												
	男(18 ~ 60 岁)							女(18 ~ 55 岁)					
	1	5	10	50	90	95	99	1	5	10	50	90	95	99
坐高	836	858	870	908	947	958	979	789	809	819	855	891	901	920
坐姿颈椎点高	599	615	624	657	691	701	719	563	579	587	617	648	657	675
坐姿眼高	729	749	761	798	836	847	868	678	695	704	739	773	783	803
坐姿肩高	539	557	566	598	631	641	659	504	518	526	556	585	594	609
坐姿肘高	214	228	235	263	291	298	312	201	215	223	251	277	284	299
坐姿大腿厚	103	112	116	130	146	151	160	107	113	117	130	146	151	160
坐姿膝高	441	456	464	493	523	532	549	410	424	431	458	485	493	507
小腿加足高	372	383	389	413	439	448	463	331	342	350	382	399	405	417
坐深	407	421	429	457	486	494	510	388	401	408	433	461	469	485
臀膝距	499	515	524	554	585	595	613	481	495	502	529	561	570	587
坐姿下肢长	892	921	937	992	1 046	1 063	1 096	826	851	865	912	960	975	1 005

桌面宽通常是由肩宽加上人们交往必要的心理尺寸决定的。一般人们的肩宽为 320 ~ 340 mm,再加上公共空间的心理修正量与吃饭所必需的胳膊的活动范围,就是一般情况下的桌面的宽度。学校食堂的桌子都是两个人并排的,所以桌面宽应为 990 ~ 1 410 mm,这里符合标准。

桌面高是由女性第 5 百分位的小腿加足高 342 mm 加上坐姿大腿厚 113 mm,为 455 mm,再加上裤厚 3 mm,腿的活动范围<300 mm,以及鞋高的修正值 25 ~ 38 mm,就是正常的桌面高,通常为 700 ~ 750 mm。现桌面高 754 mm,相对偏高。椅面高应按使用人小腿加足高的数据加以确定,目前大学生平均身高相对我国成年人人体平均尺寸偏高,所以不选择第 5 百分

位,而选择成年女性第50百分位382 mm,加上尺寸修正量3 mm,所以将椅面高最终确定为385～400 mm,而测量数据椅面高为447 mm,偏高。椅面深应按坐深来设置,为适应更多的使用者,选用女性第5百分位401 mm。但考虑易于就餐,要适当减少椅面深度,故学校食堂椅面深335 mm比较合适。

（3）食堂参数分析

我校西校区四食堂的餐桌椅是最不能让人体感到舒适的。相信大多数的同学都是带着书包去食堂吃饭,座椅如果不能同时满足坐人和放下书包就会非常影响人体舒适度。背着书包吃饭,使人肩部有很大的压迫感,会感到极度不适。所以座椅的靠背有必要设计为合适的高度。一、二、三、五食堂的座椅靠背高都比较合适,分别为304 mm、300 mm、449 mm、428 mm,而四食堂靠背高130 mm,对比这些数据,四食堂的座椅靠背高度过于偏低。

四食堂两座椅间的间距为154 mm,非常狭窄,学生们进出非常不方便;吃饭时,人们的胳膊肘很容易触碰到旁边的人;会从心理上给人一种压迫感,让人感到非常不舒适。

8）收获与体会

高校食堂与大学生的高校学习生活质量有着密切的关系,既关系着青年学生的饮食健康,也决定着学生对母校的评价。新时代下的高校新建食堂逐渐出现了除就餐功能外复合多种其他功能的创新空间模式,这预示着未来高校食堂不再只是局限于解决学生就餐,而是将肩负起高校教育、学生娱乐、校园文化发扬"载体"和文化信息传播中心等多重使命的"校园综合服务平台"发展的责任。总而言之,不管是文化理念还是建筑功能都是新时代赋予高校食堂新的发展方向,这与时代的进步密切相关。高校食堂餐桌椅存在着部分不合理之处,需要改良,因此我们从人机工程学角度来对桌椅进行调查分析,设计改良,以使学校师生拥有更合理的就餐条件和就餐环境。通过本次"我校西校区食堂桌椅舒适度"的研究,我们测量了食堂餐桌椅尺寸和过道间距,以达成实现空间布局最大化和满足人体最大舒适度的需求,实现节约空间资源,使空间资源充分发挥其价值,更好地服务高校师生的目的。食堂总体布局主要体现在对桌椅的布置方面,从人机工程学的角度出发,桌椅与桌椅的合理布局既要考虑人从桌子旁边走过是否会影响到用餐的人,也要考虑到走动的人是否会碰到桌边的心理。通过问卷调查报告的数据,我们还可以考虑在桌子下面添加放置物品的位置。座椅的结构形式应尽可能与在桌子上工作的各种操作活动要求相适应,应能使操作者在使用过程中保持身体舒适、稳定并能进行准确的控制和操作;同时,座椅的座高和靠背高必须是可调节的。

本设计研究建立在当代时代发展背景与大学校园整体规划设计的基础上,聚焦高校食堂这一研究对象,研究我校西区5个食堂的桌椅参数,进行数据处理及分析,给予我校相关部门关于食堂桌椅的布局和桌椅样式的建议。通过调研观察,贵州大学食堂的就餐空间与高校食堂的标准化食堂基本模式一样,一侧为厨房及封闭售饭窗口,相邻即为就餐空间,就餐桌椅规格统一,排列整齐,食堂空间的利用率高,但其空间缺乏舒适亲切感,在就餐高峰期时尤为拥挤、嘈杂。并且,在拥挤的环境下刚打完饭的同学和排队的同学都会极易感到不舒适,所以选择在食堂就餐的同学不多,在查找文献时我们在一篇题目为《高校食堂内部就餐空间高效化利用设计研究》论文中发现了一种名为"双线"的经营模式,"双线"即为线上和线下两种经营模式,现在是互联网的时代,每个人的生活基本上都离不开手机,大学校园中的一个食堂要给几栋楼的同学提供饭菜,如果有这种经营模式的话,有些同学就可以在线上进行点餐,到时间直接去配送点取即可,不用再去食堂。随着社会生活水平的提高,高校食堂的角色也在发生变化,人们应打破传统食堂就餐的单一功能,使食堂成为学生课后活动与交往的重要场所,同时也要使食堂发挥校园文化的传播和多样性的信息交流与共享的中心作用。也是在查找文献时,我们发现在论文《高校食堂餐厅物理环境现状及设计策略研究》中提到了辅助空间的概念,辅助空间和咖啡厅、冷饮店和社团活动场所等场所是一样的性质,即在食堂内开辟出一个空间,作为同学们讨论问题和研究学术的场所,如图 3.16 所示,为清华大学观畴园咖啡厅和北京交通大学学生活动中心。

(a)清华大学观畴园咖啡厅　　　　　　　(b)北京交通大学学生活动中心

图 3.16　高校食堂辅助空间

3.1.5　体育器材收纳器改进设计

贵州大学矿业学院 安全工程系　贾贵涛　朱允恒　曾令秋

1)设计研究内容简介

体育器材作为学校教学资源的一部分,影响着学校课程的开展和学生体育运动的质量。体育器材与体育运动相互依存、相互促进,体育运动的普及和运动项目的多样化使体育器材的种类、规格等都得到了发展,众多体育器材的出现增加了体育锻炼的丰富性,而在体育器材使用前后都需要进行取出和收纳操作,这时需要一种收纳装置来方便学生的取放。而现有的体育器材收纳装置不具备多种器材的收纳功能,在进行体育运动时需要把多种体育器材同时拿出,降低了拿取效率以及拿取器材的便利性。为此,本设计希望制作出一种体育器材收纳装置以解决现有的问题。

2) 研究背景及意义

①社会调查情况。体育器材在中小学是实施体育教学的重要设备,而在一些比较落后的地区,体育教学相对落后,老师不会去教授专业的体育项目,都是学生自由选择想要使用的体育器材。而不论是体育器材的存放还是使用都格外重要。在很多学校,体育器材都会被放在一个固定的地方,但固定地方不同体育器材的摆放也不同,并且学生总会出现乱放的行为。另外,管理人员的经验不足也经常会造成体育器材随意丢弃和到处摆放的现象,以致有的体育器材因为受到挤压而损坏无法正常使用。这些原因都会影响器材的使用寿命,而在使用体育器材时,管理也很麻烦,需要把各种不同的器材整理起来,再分别拿到体育训练场地,流程烦琐,而如果有一种能够一起收纳这些体育器材的装置就能减少学生的随处丢放。在许多中小学校,体育器材门类杂、品种多、规格多,这对体育器材的管理提出了更高要求,也成为摆在体育器材管理者面前的棘手问题。为了降低体育器材的管理成本,提高体育器材的利用率与周转率,实现体育器材管理效率最大化的目标,学校越来越重视体育器材的储存管理。有效管理体育场地及器材可以在将校园的内部环境进一步优化的同时建立和谐的校园文化,质量完好的体育器材设施设备是学校开展体育活动的必要条件,体育课程的顺利开展离不开基本的体育器材。对体育器材进行科学管理,不但可以延长器材的使用时间,而且也可为学生丰富的体育课堂锻炼学习提供物质保障。

②现状分析及独特认识。目前,中小学体育器材管理工作的系统性比较强,教师需要投入更多的时间和精力,明确不同管理思路和管理方法的实际应用要求。其中,管理思路主要是指在落实管理工作过程之中所形成的一种内在规律的认知以及理解,呈现着个人对不同活动的看法以及态度,管理思路的正确性和有效性会直接影响体育器材管理工作的质量和效率。针对这些出现的问题,学校需要投入更多的时间和精力,通过管理创新和优化使体育教学能更好地开展,营造自由宽松的体育学习氛围,从而激发学生的学习兴趣。

3) 研究方案

(1)设计研究的目标、内容和拟解决的关键问题

①目标。能通过可移动收纳装置把不同的体育器材进行分类收纳;解决学生在使用完体育器材后乱放乱堆问题;提高体育器材室的美观性;提高学生对体育器材的取放效率以及便利性;便于管理人员快速将体育器材室整理好;延长体育器材的使用寿命;降低体育器材的管理成本。

②内容。对当前大多数中小学体育器材室现有问题进行网上调查,人—机关系在体育器材的管理和收纳方面十分重要。现在大部分体育器材室收纳装置为固定状态,对于器材管理存在灵活性不足的问题。可移动收纳装置在一定程度能解决这些问题,该装置是以超市推车为基础再进行分层,每层有固定的器材存放数量。在体积方面,对于器材体积大的体育器材,例如篮球、足球、排球等,就各自放在不同的收纳装置;对于器材体积小的或者可折叠的体育

器材,例如跳绳、毽子、乒乓球、羽毛球等,就可以在同一收纳装置上一层放一类。在重量方面,轻的器材放在较上层,重的器材放在较下层。如果是成套的器材,可以放在最上面一层。将收纳装置上的器材根据大类对体育器材室的每个收纳装置进行分区,以固定它们的摆放位置。

③拟解决的关键问题。

a. 问题。可移动体育器材收纳装置在刚开始使用时,教师对它的布置和器材放置不熟悉,这时会消耗学校较多的财力和精力;学生使用也不是很习惯,难免会出现一些"小插曲",例如不分类放回器材等。

b. 解决方案和意义。可移动体育器材收纳装置对于中小学体育器材室而言具有重要意义,学校在投入使用时可以对学生进行一定的宣传,让他们知道如何使用以及投放使用的意义,同时也要加强他们的分类意识,循序渐进,只要他们遵循使用方法,学生也会感受到可移动体育器材收纳装置带来的便利,节省他们拿取器材的时间,同时管理人员也不会因为管理杂乱无章的体育器材室而手忙脚乱。

(2)设计研究计划及进展

体育器材收纳器的研究主要根据一些体育器材的大小尺寸来设计,通过上网查找标准,可知篮球直径为 24.6 cm;标准足球直径为 21.96～22.04 cm;标准排球直径为 20.7～21.3 cm;标准乒乓球拍尺寸为 160 mm×152 mm,乒乓球直径为 40 mm;标准的羽毛球拍框总长度不超过 680 mm,宽不超过 230 mm;拍弦面长不超过 280 mm,宽不超过 220 mm。羽毛球拍一般由拍头、拍杆、拍柄及拍框与拍杆的接头构成。羽毛球一般固定有 16 根羽毛,羽毛长度为 62～70 mm,羽毛顶端围成的圆圈直径为 58～68 mm。设计的体育器材收纳器是长 125 cm,宽 75 cm的底部框架。第一层可以用于装篮球等球类器材,框架中间以绳子为纽带,绳子具有伸缩性,能够更好地控制球体。第二层和第一层相似,绳子都在球中间,框架旁设置有卡扣,能够解开,以方便拿取球类体育器材。第一层高为 25 cm,第二层高为 22 cm,可以装足够的球类器材以供教学使用,且不会产生挤压,使体育器材的使用寿命得到一定程度的保障。第三层为其他较小的体育器材收纳空间,能够使人更有效地收纳这些体育器材。

4)项目的特色和创新点

(1)项目特色

本设计提供了一种体育器材收纳装置,用于解决学生方便地拿取以及核对数目的问题。

(2)创新点

本设计是在设计体育器材收纳器的研究理论基础上,从安全人机关系入手,设计出一个便于移动的,方便拿取体育器材的收纳器,以降低体育器材的管理成本,提高体育器材的利用率。

5）研究基础

（1）已具备条件

①我校图书馆现有馆藏纸质文献 378 万余册，中外文电子图书 413 万余册，中外文数据库 62 个，且图书馆积极满足读者需求，每周 7 天开放，数字资源提供 24 小时不间断服务。学校的优良条件为设计的顺利进行提供了研究环境、文献资源及信息服务保障。

②从大一至今，小组成员已经完成了高等数学、工程数学、大学物理、大学计算机基础等基础课程的学习，并取得了优异的成绩。通过对这些基础知识的学习，小组成员现已具备完成此项目的基础能力，另外各成员积极性高，责任心强。部分成员已通过大学英语四六级考试，具备英文文献查阅能力。

（2）尚缺乏的条件和解决的途径

①没有合适的实验室使用，没有相应材料制作出所设计的体育器材收纳器，无法亲自体验设计的弊端。

②目前已在 CAD 软件中绘制出了体育器材收纳器的框架、体积大小、能够容纳体育器材的数量等。计划筹集资金以购买体育器材收纳器所需的材料，并制作成实物。

6）设计实施情况

①通过在网上查找文献，找到关于中小学校体育器材管理方面的一些缺陷，然后研究这些缺陷，以设计出能够方便快捷使用的体育器材收纳装置。体育器材的管理受到很大的限制，篮球等器材的摆放通常会受到挤压，导致其使用寿命缩短，还有些体育器材因为摆放太高导致学生不好取放，存在一定的安全隐患，所以我们设计体育器材收纳器是为了学生能更加方便拿取体育器材，为学生的安全提供保障，并提高体育器材的利用率。体育器材收纳如图 3.17 所示。

图 3.17　体育器材收纳

②在知网和图书馆查找文献，找到一些关于体育器材管理的方案和措施，以人机关系为出发点，研究设计出一套能够解决现有的问题的方案，设计的产品以及人所处的环境要协调统一，在满足功能需求的基础上满足安全与舒适的要求，实现"以人为本"的设计思想。

③通过 CAD 软件画出设计图框架，查找出各种体育器材的尺寸，根据其尺寸画出其框架

范围和能够装下器材的数量,再一步一步设计出其雏形,共分为3层,每一层对应着相应的体育器材,如图3.18所示。

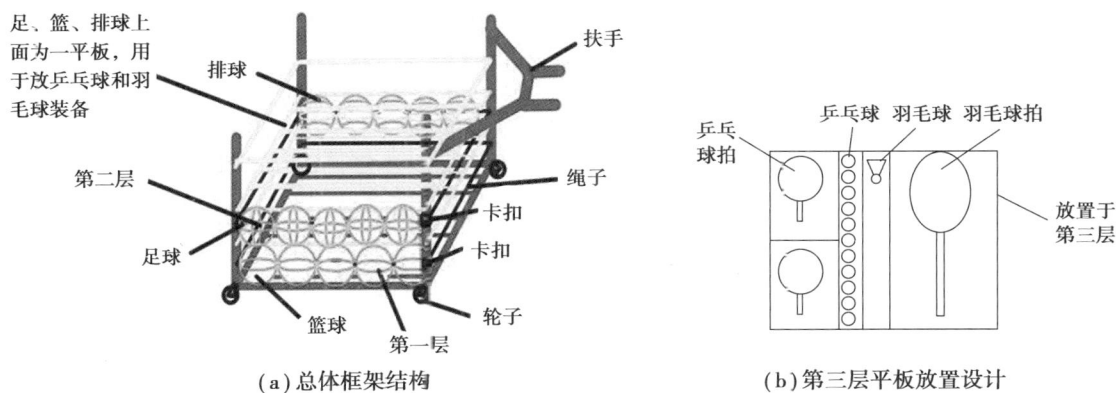

足、篮、排球上面为一平板,用于放乒乓球和羽毛球装备

排球　扶手　第二层　足球　篮球　第一层　绳子　卡扣　卡扣　轮子

乒乓球拍　乒乓球　羽毛球　羽毛球拍　放置于第三层

(a)总体框架结构　　　　　　(b)第三层平板放置设计

图3.18　设计图

7)收获与体会

通过本次的设计研究,我们小组成员收获了很多经验。首先,我们加强了对设计研究的理论学习;其次,我们加强了对设计研究的理解;最后,我们学会了从多方面、多途径去寻找与设计相关的资料,如从网上下载相关论文、到图书馆收集资料、分享交流、共同探讨等多种形式,既进一步加深了我们对设计研究的理解和认识,也增强了我们小组的协作能力,让我们更深刻地明白了科研中团队的重要性,同时增进了同学之间的情谊。大学教学的授课方式,让同学之间的交流变得更多、更顺畅。因此本小组的设计研究是一个能很好增进同学之间感情的活动。

在整个设计研究活动中,我们已由开始的无所适从逐渐到现在的得心应手,并在活动中不断得到成长。设计研究提高了我们的科研能力,从熟悉设计、理解设计,到对设计研究的专业水平的不断提高。我们小组从设计前的准备到设计结束后反思的整个过程中,都体验着研究成果带来的快乐。其实,在选择设计方案时我们遇到了很多问题,比如这个设计研究比较冷门,没有太多文献可借鉴,以及我们对CAD软件的综合运用缺乏一些成熟的技巧,甚至最开始毫无头绪,但是,我们都坚持下来了。这也是每位设计者应该具备的基本素质:遇到困难要迎难而上,而不是放弃。我们做到了这点,向着合格的设计研究人员更进了一步。今后必然有更多的困难等着我们,相信我们也能迎难而上。

3.1.6　我校雨天雨伞的收纳问题

贵州大学矿业学院　安全工程系　赵苏州　钟曼尹　牛慧婷

1)设计研究内容简介

本设计小组研究我校雨天雨伞收纳问题。随着我国教育事业的不断发展壮大,高校学生数量不断增加。教学楼、食堂、宿舍等地方是常见的学生聚集地点。由于教学相关设施建筑时间较早，未能配备完整的学生雨伞等相关物品存放设施，抑或是设置市面常见的物品存放设施，不能满足大基数学生雨伞等物品存放的要求，致使学生雨伞大量进入教学楼，并在楼道、窗台等区域存放，不仅使楼道等相关疏散逃生路线被雨伞大幅占用，存在影响学生正常上下学和造成安全隐患的问题，且大量雨水被带入教学楼，造成地板湿滑，在影响室内卫生的同时也对学生出行造成了不便，容易导致滑倒事故的发生。本设计旨在通过研究学校教学楼、食堂、学生宿舍等相关学生聚集建筑雨天状态下雨伞收纳的状况，分析研究造成该项现象的具体原因，定性、定量地找出雨伞收纳问题的主要危险状况，并针对找到的问题提出相应的解决办法，改进、完善我校校园雨伞的收纳问题，降低不当的雨伞收纳问题可能给校园带来的不良影响，减少安全事故的发生，加强校园安全管理，为创建文明校园提供思路与方向。

2）研究背景及意义

雨天对于人们而言再熟悉不过了，但人们对它态度比较中立。雨天可使空气清新，但往往给人们出行带来不便，也正因如此，雨伞便成为人们生活中不可或缺的物件。人们在日常生活中，每次下雨天从外面回来通常手中都会有一把湿漉漉的雨伞，为了对雨伞进行晾晒和阴干，人们选择将雨伞撑开放置楼中，既不美观又显得杂乱无章。第一，伞上附着的雨水滴落在地上，影响室内卫生，同时，雨水使地面湿滑容易造成人员滑倒，导致意外事故的发生。第二，当发生紧急事件时，大量的雨伞占据逃生通道等地方，影响了人们的逃生速度，严重威胁了人们的安全。

贵阳是低纬度高海拔的高原地区，海拔高度在 1 100 m 左右，处于费雷尔环流圈，常年受西风带控制，属于亚热带湿润温和型气候，兼有高原性和季风性气候特点。干湿季不明显，雨水充沛，年平均相对湿度为 77%，年平均总降水量为 1 129.5 mm。贵州亚热带季风气候的气候特征以及依山而坐的地势特征使得贵阳阳光"珍贵"，独特的地理环境也使得贵阳下雨天在一年中占比较大，人们对雨伞的使用量也远高于其他地区。因此，使用雨伞已是贵阳人习以为常的事，而随之产生的雨伞放置问题也成为一个难题。

我校位于贵阳市花溪区，受海拔影响，雨水充沛，占地广泛、师生人数众多，截至 2021 年 6 月，在校学生人数已达 44 904 人，人员基数较大。因此，雨伞的使用量十分庞大。在教学楼、食堂、学生寝室、图书馆等人流量大的场所，都可以看到雨伞的"肆意"摆放。有的师生将雨伞带入教室、图书馆内，有的把雨伞撑开放置，有的将雨伞堆在一旁。

雨伞撑开后，雨水会随着伞面流到地上，并在地面上形成积水。学校在装修时，大面积使用的是瓷砖，而且所选用的瓷砖一般多是抛光易清洁的瓷砖，因这类瓷砖遇水比较易滑，而学校的教学楼、办公区、食堂等区域面积较大，从雨伞上滴落到地面上的雨水将导致地面变得湿滑，存在安全隐患。雨水还会加快建筑物老化，引起霉菌滋生，危害学生健康，缩短建筑物使用寿命。

而雨伞的摆放更是杂乱无章,雨伞堆放在通道上,严重影响了师生正常通行,造成不便。撑开的雨伞堆在一旁,可能会挡住安全疏散标志。当出现突发事件时,安全疏散标志因被遮挡而无法起作用。虽然在《中华人民共和国消防法》中规定"任何单位、个人不得损坏、挪用或者擅自拆除、停用消防设施、器材,不得埋压、圈占、遮挡消火栓或者占用防火间距,不得占用、堵塞、封闭疏散通道、安全出口、消防车通道。"但部分学生仍将伞放置在消防栓处。这不仅可以看出学生的安全意识薄弱,忽视了对雨伞放置不合理产生危害,也可以看出雨伞放置问题正是高校面临的需要解决的问题。

目前市面上常见的雨伞放置架一般针对于小户型家庭及商业场所,不仅尺寸较小,容纳雨伞数量也少,而且一般放置在室内,需要人工处理滴落的水滴,因而不适合人口基数大的高校学生聚集地放置。而我校自身的设施不够完善,仅有西校区体育馆设置了较多数量的雨伞放置架,但是其放置在建筑物内部,不利于雨水排出,且部分伞架位置偏上,利用率较低,数量也不足以满足大量师生聚集的要求,仍有待改进。

本设计将利用"安全人机工程学"课程所教授的相关知识原理,从人、机、环境、管理4个方面进行合理分析,进而结合实际情况,提出针对雨伞收纳的对策措施以确保安全,避免出现不必要的人身伤害和财产损失,为贵州大学学子营造出安全稳定、舒适健康的校园学习生活环境。

3)研究方案

(1)设计研究的目标、内容和拟解决的关键问题

①研究目标。针对我校校园教学楼等学生聚集地点,充分利用室外消极空间,设置相应室外大型雨伞收纳架,积极完善学校相关管理制度,引导监督学生落实雨伞入架,不进楼道等措施。

②研究内容。对学校教学楼等学生聚集场所进行雨天状态下实地考察,结合相关专业知识,查阅现有资料及关于雨伞收纳和校园校际环境的空间利用相关文献,设计适合大基数学生数量的室外消极空间利用型雨伞支架,从管理角度,完善校园相关管理措施与监督办法,并结合学风执勤监督增强对学生的引导监督,落实雨伞入架不进楼等措施。

③拟解决的相关关键问题。

a.对我校校园内教学楼等学生聚集场所进行雨天状态下的实地考察。

b.对目前现有的市场雨伞收纳架情况进行调查,以及对高校相关建筑空间开发管理相关状况的资料进行查阅与研究。

c.针对学生大基数群体的空间利用型雨伞支架的设计与开发研究。

d.校园相应管理措施以及相关监督办法的提出与落实。

(2)设计研究计划及进展

①查阅关于高校空间环境,建筑空间开发利用的相关文献。

②实地考察我校各教学楼等人员聚集地,收集相关数据,并使用数据分析软件对其进行分析。

③针对使用目标为在校大学生的大基数室外雨伞收纳架研发方案进行设计与改进。

④研制开发雨伞收纳架实物。

⑤进行模拟实验,将雨伞收纳架实物小规模投入校园教学楼进行实验,并针对雨天状态下学生雨伞的放置情况进行调查分析。

⑥撰写实验报告,分析相关研究设计得出结论,并针对所研制的雨伞收纳架从学校管理等多个角度提出相应对策与建议。

4)项目的特色和创新点

（1）项目特色

本项目针对贵州多雨环境下师生对雨伞放置的巨大需求而提出,对校园人员安全以及校园环境保护有着重大影响与意义。本项目从多个角度解决雨伞放置问题,以期从根本上解决学生不愿意将雨伞放置于建筑物外部的问题。规范校园雨伞的放置,可大幅度减少雨伞乱放现象给校园和学生带来不良影响发生的概率,同时解决校园未被利用的消极空间问题,增加校园占地的利用率,也可给其他高校设计雨伞放置系统以一定的参考价值。

（2）创新点

①调查研究利用"安全人机工程学"课程所教授的相关知识原理,从人、机、环境、管理4个方面进行合理分析,并结合实际情况,提出针对雨伞收纳的对策措施以确保安全,避免出现不必要的人身伤害和财产损失,为贵州大学学子营造出安全稳定、舒适健康的校园学习生活环境。

②利用"安全系统工程学"课程中所教授的知识,使用不同的事故分析方法,如事故树分析法、预先危险性分析法、鱼骨图法、安全检查表法等,将所学的安全专业课程相关理论知识,与实地考察中所得的数据相结合,理论联系实践,定性、定量分析得出雨伞放置产生不良影响的具体情况、发生概率及产生的不良影响,并据此设计,提出相关建议措施,以降低雨伞不良放置导致安全事故发生的概率。

③根据市面现有的雨伞放置设备,结合高校实际状况,提出相关改进措施,增加其放置数量以满足高校学生大规模使用需求。将其设置在建筑物外消极空间,不仅增加了校园的使用面积,解决了校园空地问题,也解决了雨伞入室带来的雨水难以排出等问题,同时设计形状为开放式架型,可使雨伞放置更加便捷,从而解决雨伞被封闭放置而难以晾干的问题。

④通过对校园实地考察,我们分析了不同时间段人流量等数据,确定了人流量较大的建筑物,并针对不同环境适配不同型号的设备,因地制宜,增加雨伞放置架的普及率。

⑤从管理方面进行引导与监督,学生工作者需对其他人将雨伞放置不进楼的行为进行引导和劝解,最大限度地提高雨伞放置设备的使用效率,为其发挥作用提供保障。

5)研究基础

（1）已具备的条件

①相关文献及实验研究成果。

②目前市场上现有的小型家用或商用雨伞放置架。

③对于我校西校区教学楼的实际建筑、雨伞放置使用和人流量等情况有一定了解。

④教师的指导与帮助。

⑤工程实训中心对实验设备研究进行指导与帮助。

⑥与本实验相适应的实验设施。

（2）拟解决的办法

直接将设计好的设备放置在日常学习时段使用，并在相关教学楼附近进行实地实验与测试，根据实验结果思考相应的解决办法。

6）设计实施情况

我们调查了下雨时我校教学楼教室门口及食堂门口雨伞的放置情况。首先该摆放情况并不满足人机系统四大目标中的安全，雨伞阻塞通道的问题极其严重，如果发生事故，将会影响同学的安全逃生。教学楼通道的雨伞往两边摆放，只留出了中间一小部分通道，在上下课时有很多相向而行的同学，存在极大阻塞逃生通道的问题，并且不方便相向而行同学的通行，且同学会对旁边的雨伞造成刚蹭，甚至将雨伞带离原位，这也将给雨伞主人带来困扰。同时雨伞所带水滴不仅会流淌到地板上，使得瓷砖地板更易让人滑倒，影响学生安全，且雨水聚集不利于建筑健康，会缩短相关建筑的使用寿命，如图 3.19 所示。

图 3.19　雨伞乱放问题

解决方案分为 3 个部分：

人：倡导同学养成良好的习惯，到教室或食堂等人员聚集的建筑时主动将雨伞放入室外的雨伞收纳架内，不将雨伞带入室内，不随处乱放任其淌水。

机：我们设计的支架式雨伞收纳架分为两层，每层各为一个收纳架，上部为大数量的雨伞挂钩,支持任何折叠伞或长柄伞,下部为一个雨水积水盒,上层雨水积水盒底部有一个活塞可将雨水滴入下层,下层雨水积水盒底部的活塞可将雨水聚集,且雨伞支架放置于建筑外部的消极空间,不会将雨水带入楼内(图3.20),既方便清洁工清理收纳架内的雨水,也方便雨水快速自然风干,不影响其他建筑及其他人的人身安全。该支架挂钩数量多,能够一次性满足大量同学上课对雨伞支架的需求,并可根据建筑人流量调整其数量与大小,增加其利用率。开放式挂钩设计,可使雨伞快速晾干,方便下次使用。

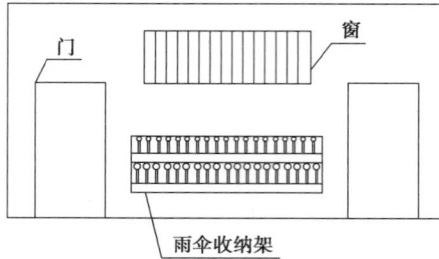

图3.20 支架式雨伞收纳架放置位置图

管理:学校可向学生强调将雨伞带入室内所存在的安全隐患,完善相应的管理办法,并加大校园执勤监督、管理、劝解同学的力度。学校可在建筑物外、出入口附近等地方设置雨伞收纳架,统一收纳存放湿漉漉的雨伞,不将湿漉漉的雨伞带入室内。该设施可自行储水,无需教学楼清洁人员及时处理楼道内雨水积水。通过增加雨伞收纳架的使用率,减少雨伞入室所带来的不良影响,降低安全事故发生率,延长建筑使用寿命。

7)收获与体会

经过此次自主设计的选择与实践,我们学习到很多知识,具体如下所述。

①从自主设计开始的确定选题,锻炼我们从生活中发现不安全因素,发现危险的能力,从而让我们知道,即使是细微之处也可能导致不良后果,水滴石穿,绳锯木断。作为安全专业的学生应当提高安全意识,练就一双火眼金睛,能从细微处发现问题,并提出对应解决措施。

②本次实验也锻炼了我们的实践动手能力。我们到教学楼实地考察了上课期间人流量,考察了雨雪天气下学生雨伞的放置情况,实践出真知,研究不能脱离实践,只有通过实践才能收集到可靠全面的数据,从而进行后续的分析与研究。

③本次实验也让我们明白理论联系实践的重要性,安全专业课程也不再是书本上单薄的枯燥的文字,而是先前的实验者通过无数次事故和血的教训,以及无数次实验得出的宝贵数据,而将其运用到生活中也能取得良好的效果,这让我们更进一步认识了自己所学的专业。

④本次实验也锻炼了我们写相关报告的能力及团队合作能力,感谢老师给我们这样一次实践学习的机会,让我们从生活中学习安全,成为真正的安全人。

3.1.7　我校图书馆的安全人机工程改进设计

贵州大学矿业学院 安全工程系　徐庆林　赫莎莎

【摘要】

针对本校图书馆通风系统、采光、书架等存在的弊端,本设计应用人机工程学的有关理论知识,引入新设计理念,优化图书馆学习、阅读环境,设计方便取放图书的书架,探讨图书馆的视觉环境、温度环境、采光环境、照明环境和色彩环境对读者的学习、活动和健康的影响,对我校西校区图书馆的采光、通风系统、维修等的人机工程学设计进行评析并作改进设计。并通过调查问卷反馈以及亲身经历发现问题,查找资料,解决问题。本设计提到的设计方案是在图书馆环境限制下提出的,具有可实施性。

【关键词】

图书馆;人机工程;改进

【正文】

1) 评析准备

为了给调查评析提供更好的依据,我们进行了两个部分的调查。第一部分是图书馆实际体验以及参数测量,第二部分是发放的图书馆使用体验调查表,具体见表3.8。

表 3.8　图书馆使用体验调查表

项　目	选项	比例	选项	比例	备注
图书馆的灯光亮度是否适宜阅读	是	24%	否	76%	图书馆灯光太暗
图书馆灯光是否需要调整	需要	60%	不需要	40%	图书馆灯光调亮
学校图书馆的灯光是否影响了学习	是	56%	否	44%	—
书架是否方便读者拿取书籍	是	42%	否	58%	底部过低
图书馆书架整体拿取以及查询是否舒适	是	52%	否	48%	—
是否感觉图书馆通风不畅	是	50%	否	40%	—
窗户通风是否合适	是	20%	否	80%	窗户几乎不通风
图书馆夏季温度是否适宜	是	35%	否	65%	图书馆夏季温度较高
图书馆桌椅摆放是否合适	是	50%	否	50%	部分同学反映阳光从窗户直射在桌面上,造成眼睛不适
图书馆桌椅使用是否舒适	是	55%	否	45%	有45%的同学反映许多桌椅设施存在故障,无人维修

一共回收到100位同学的体验调查表，我们与其中10位同学进行了交谈，得到了更加具体的反馈，反馈见表3.8备注。

2）人机评析以及改进准备

（1）通风系统——温度问题

长时间使用体验以及调查问卷反馈结果显示，夏季，图书馆温度较高，且多体现为闷热。具体原因分析如下：

①空调。冬季图书馆提供暖气，很好地保证了冬季的保暖问题，但是在炎热的夏季，图书馆没有空调，异常闷热。

②窗户。图书馆窗户为上悬窗，开合角度过小，如图3.21所示。正向风受阻，通风受限制，且图书馆外围是大面积的落地窗，每天不同时段，总会有阳光直射入馆内，而天井位置天花板采用透明设计，阳光从顶部汇集进来，加快馆内温度的聚集升高，温度随着楼层的增加而逐渐升高。

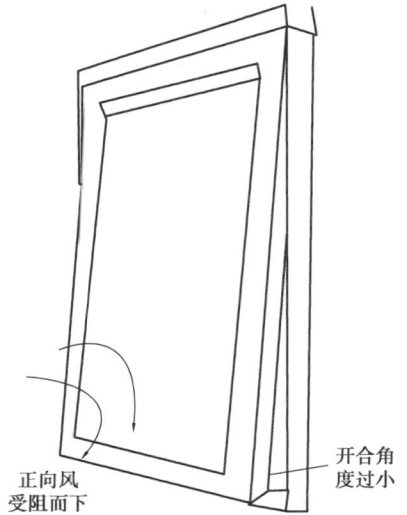

开合角度过小

正向风受阻而下

图3.21　窗户示意图

③采光。通过网上问卷调查以及自身体验，我们发现图书馆不同区域的采光设计存在一定问题。

④阅览区。如图3.22所示，图书馆阅览区灯光整体较暗，对读者视力有一定的影响，可以适当提高灯光亮度以及调整色温。

⑤自习区。在图书馆自习区域，由于图书馆大灯高度整体较暗，学生在自习区域写作业、看书时不得不开启台灯。而随着技术的进步，越来越多学生使用电子设备学习，调查发现，在使用电子设备时，图书馆台灯设计会出现反光现象，影响学生的视力及眼睛的舒适度。

图3.22　阅览区示意图

⑥靠窗区。如图 3.23 所示,我校图书馆窗户为落地窗,阳光充足时,在靠窗区域,由于没有窗帘,阳光常常直射学生眼睛,影响其学习舒适度。

图 3.23　图书馆窗户整体布局示意图

（2）书架设计

在图书馆,不论是阅读者还是图书管理员,都经常会进行取书、查书,因此书架的合理设计很重要。另外,图书馆书架的设计应避免千篇一律。高度一致的书架设计可以增加图书馆的秩序性和整洁性,但对于读者来说却存在困扰。一方面,读者难以通过直观的视觉效果来寻找相应的书架,另一方面,统一性带来的压抑感和紧张感也会萦绕在读者周围。

如图 3.24 所示为本校图书馆书架设计简图以及人取用图书时的主要活动姿势。从图中可以看出,对于底层书籍,读者不易看到且取用不便,图书管理员整理图书室也较耗费体力。

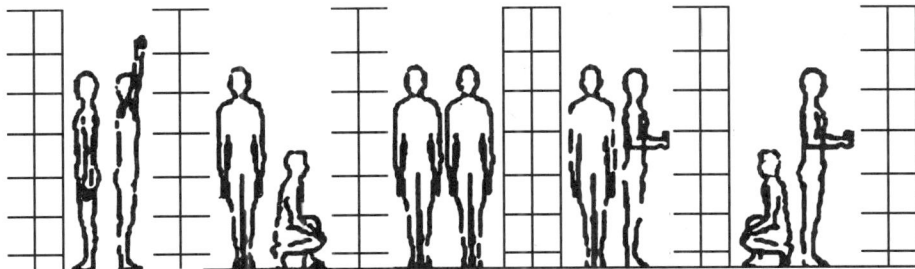

图 3.24　图书馆书架设计简图

3) 维修管理问题

调查结果显示,我校图书馆维修问题存在不足。许多区域设施出现问题而工作人员没及时进行维修。例如桌椅、台灯、插座通电问题等出现损坏可能造成安全隐患,而设施的损坏则给需要自习的同学带来不便,比如花费较长时间寻找座位,图书馆桌灯设施损坏等,如图 3.25 所示。

图 3.25　图书馆桌灯设施损坏

4）改进措施

（1）改进通风系统噪声问题，提供安静的学习环境

在图书馆学习，同学们需要一个安静的环境，因此需要改进通风系统的噪声过大等问题。可以采取多种措施来减小噪声的产生，如设置隔音材料、改进风扇的转速等。

（2）改进空调开放问题，提供舒适的学习氛围

图书馆冬天会开空调，比较暖和，但夏天一般不开，比较闷热。根据调查，我们发现底层温度与较高层温度存在温差，夏天底层温度适宜，较高层温度较高，为节约电能，建议图书馆夏季根据天气状况对较高层区域采取开空调措施，以提高学生学习的舒适度。

（3）改进自然通风问题，提供宜人的学习环境

图书馆内空气部分源于窗户的自然通风，因此，窗户的设计对通风问题也很关键。在窗户设计上，由于图书馆楼层较高，在设计时要考虑通风性能和安全问题。调查发现，图书馆现有的通风口数量不足以满足图书馆的高人流量需求，可以每层增加 10～15 个通风窗口，并将外窗开启扇形式由上悬窗改为下悬窗或推拉窗；加设遮阳设施，提高夏季室内的舒适性。或对外开上悬窗进行改良，将其设计成为可控式上悬窗，可以加强室内的自然通风效果。在窗扇上部和中部增加可转折的旋转轴，以使窗户的开启存在一定的灵活性。在窗扇采用反射玻璃后，还可以对室内起到遮阳作用，是一种值得推广的开窗形式。

5）图书馆采光问题的改进

（1）照明布局

图书馆是供大家阅读、学习的场所，适宜的灯光环境（如灯光色调、亮度等）可以提高读者的学习与阅读体验，应充分考虑读者的视觉舒适度和阅读需求。在图书馆照明设计中，除了应满足照明规范中的照度和显色指数要求外，还需考虑选择高效节能的灯具，而不是有眩光的灯具。在书库、借阅室等有藏书的房间，最好选择防紫外线灯，以减少对书籍的损害。

（2）灯光色彩

图书馆可以采取局部加强照明的方式，对一些重点区域进行强化照明，提高体验感。

在文化氛围浓郁的图书馆，色彩作为视觉空间和情感传达的载体而成为空间形成不可缺少的要素。色彩具有物理性、化学性、生理性和心理性的特点，人们对周围的环境和自然界色彩会产生不同的心理以及生理反应等。色彩会使人的感受发生变化，如会令人兴奋或沉静，使人感觉到温暖或寒冷，而且会引起人们的诸多联想。

图书馆的灯光色调可以适当调节为暖色调。经过调查，人对不同场景的灯光色温适应度不同，所以可对图书馆不同区域采用不同的灯光色温，同时达到节约能源的目的。精细作业区色温建议设置为（5 000±200）K，读写区色温设计为（3 900±200）K，休息区色温设计为（3 000±200）K，如图 3.26 所示。

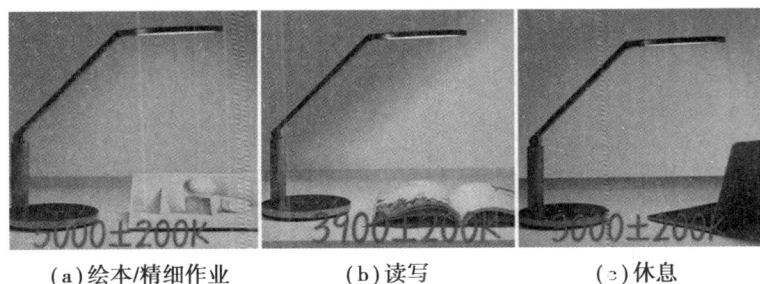

(a)绘本/精细作业　　　(b)读写　　　(c)休息

图 3.26　不同区域灯光色温

（3）窗帘设计

在夏天阳光较强烈时,图书馆由于没有窗帘,常常会出现阳光直射读者眼睛的情况。因此,在图书馆的窗户处,可以设置自动窗帘或者百叶窗,以便读者根据实际需求调整光线的照射程度。同时,考虑到夏季炎热、冬季寒冷的情况,管理人员还可以设置具有遮阳、保温功能的窗帘,以提高图书馆的舒适度。

（4）室内绿化

室内绿化既可以改善图书馆内的空气质量,还可以起到调节光线的作用。调查发现,在图书馆,只有一楼和信息共享空间层有少量绿色植物,其他楼层均没有绿色植物。可以在图书馆的每一层都设置一些绿色植物,通过植物的叶子和枝条来调节光线的方向和强度,使室内光线更加柔和、舒适。

6）书架设计的改进

在高度、颜色和造型设计上,图书馆书架应存在一定的变化,可以适当选用供读者休息的多功能书架、放有绿色植物的护眼书架、异形书架等,或通过改变书架的颜色、尺寸和摆放方式,使书架错落有致。

考虑到底层和最高层书籍在人取用时需要大幅度弯腰,且不易引起注意,可采用"I"形书架的设计理念,如图 3.27 所示。该设计可解决底层及最高层书籍不易被人们注意的问题,为读者寻找图书和图书管理员整理书籍带来便利。不论对个子矮小还是个子高大的人来说,该设计都能极大满足查阅和整理图书的需求。

图 3.27　改进书架设计简图

7）图书馆维修问题的改进

在图书馆,发现需要维修的问题,如椅子损坏、自习桌处的灯及插座不通电等,可以通过设置智能化自动提示系统进行提醒,在设施出现问题时学生可以第一时间通知相关管理员出现问题的设备所在的具体位置,以便维修人员能及时、准确地找到维修位置并进行维修。

8)小结

安全人机工程课程设计是一项综合性强的作业,需要运用理论知识、技能和经验,结合实际进行设计。在课程设计中,我们学会了如何收集资料、分析存在的风险和问题,了解人机交互的特点和需求,提高自己分析问题的能力。我们发现:我们在安全人机工程方面的经验还比较欠缺,需要不断学习和实践,积累经验,提高设计水平。"安全人机工程"课程设计需要设计者结合人机交互理论知识和实践经验,注重实际应用和人机和谐发展,提高安全意识和管理水平。通过这次课程设计,我们收获了很多经验,希望在以后的学习和工作中能够更好地运用所学的知识和技能。

3.1.8 我校学府里大门系统的安全人机工程改进设计

贵州大学矿业学院 安全工程系 李迎雪 杨爱莲

【摘要】

高校校门既是高校的入口空间,也是高校建筑及环境的重要组成部分,是具有鲜明特点的一种建筑类型。近年来随着高校校园建设步伐的加快,校门建筑也得到了比较全面的发展。作为大学校园的入口建筑,校门的构成元素、职能范围、环境、影响等因素都在不断地变化和延伸。在新的社会条件下,大学生越来越喜欢走出校园,校门便是他们的必经之路。在诸多学生的反馈下,我们发现大学校门或多或少地存在问题,某些设计不符合安全人机工程学的要求。

本设计从我校学府里大门入手,以安全人机工程学为基础,为适应学生工作学习向人性化、舒适化方向发展,我们通过调查问卷和实地调研的方式,重点分析入口的大小尺寸与人流量大小的适配度、刷卡闸机系统的设计、保安室的位置,探讨其不足,最后提出适应本校学生的工作生活特点的大门结构设计,旨在强调高校大门应该从关心人的角度出发,加强人性化设计。

【关键词】

学府里大门;人机工程学设计;问题分析

【正文】

1)前期调研与分析

我校学府里新增设了一卡通闸机系统,而很多学生出入校园都要通过学府里大门。学府里大门位于我校西南方,除南校区外,已有43 000 人,人流量较大,在学府里处经常发生拥堵,特别是在中午、晚上下课时间,拥堵更为严重。拥堵直接影响学生们的出行,严重时甚至可能引起拥堵踩踏事故,存在安全隐患,不符合安全人机工程设计要求。下面将对学府里大门的整体环境、设备的规划布置、人员通道闸—翼闸的设计来进行评析和改进。通过线上问卷调查和实地调研分析来重点研究学生出入学府里大门的问题。图 3.28 所示为学府里大门俯视图,学府里大门处各项实测尺寸见表 3.9。

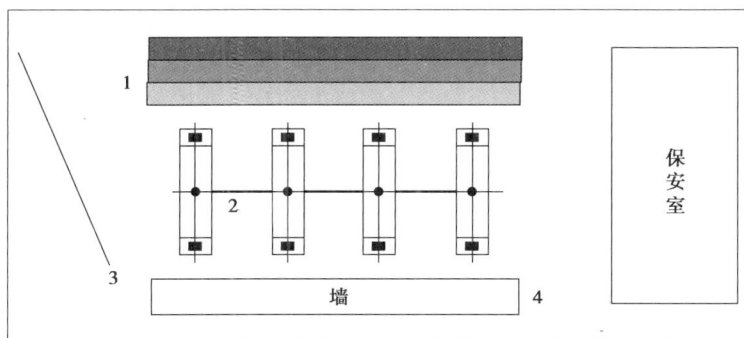

图 3.28　学府里大门俯视图

1—台阶;2—闸机通道;3—出口通道;4—入口通道

表 3.9　学府里大门处各项实测尺寸

学府里大门处各项实测尺寸/cm					
闸机高度	闸机通道最窄宽度	闸机通道最宽宽度	出口通道宽度	进口通道宽度	台阶平均宽度
97.9	60.4	90.3	104.8	110.5	19.6

2) 调查对象

调查对象为本校的大学生,他们是主要的用户群体,并且愿意表达对学府里大门的看法。

3) 调查方式

本次调查采用线上问卷调查和实地调研两种方式。为了使调查覆盖更多的客观条件,获得全面客观的调查结果,我们在网络上发放调查问卷,邀请全校学生填写;同时在学府里大门处随机访问进出学生,以提高调查研究结果的可靠度和可信度。如图 3.29(a)所示为调查问卷样卷,3.29(b)所示为调查问卷数据统计表。

本问卷采用专家打分法,您需要按照自己对问题的了解和判断,对以下问题进行打分。分值为 1~5 分,1 分表示不认同,5 分表示认同					
项目	1 分/% (非常不认同)	2 分/% (比较不认同)	3 分/% (一般)	4 分/% (比较认同)	5 分/% (十分认同)
您是否认为学府里大门处拥挤					
您是否有带着行李通过学府里大门的情况					
您是否认为两闸机中间的通道较窄					
您是否认为闸机系统存在刷卡不便的情况					
您是否会忘记携带校园一卡通					

续表

项目	1分/% (非常不认同)	2分/% (比较不认同)	3分/% (一般)	4分/% (比较认同)	5分/% (十分认同)
您是否认为闸机系统存在不灵敏(无故报警)的情况					
您是否认为保安室位置不合理					
您是否会在进入学府里大门时出现手忙脚乱的情况					

(a)调查问卷样卷

本次线上填写问卷人数为136人,填写情况如下					
	1分/% (非常不认同)	2分/% (比较不认同)	3分/% (一般)	4分/% (比较认同)	5分/% (十分认同)
您是否认为学府里大门处拥挤			5.20	16.60	78.20
您是否有带着行李通过学府里大门的情况		4.70	4.75	41.30	65.00
您是否认为两闸机中间的通道较窄		3.50	19.20	32.80	44.50
您是否认为闸机系统存在刷卡不便的情况			4.30	22.10	73.60
您是否会忘记携带校园一卡通			6.50	2.90	90.60
您是否认为闸机系统存在不灵敏(无故报警)的情况	1.50	3.10	15.60	36.10	43.70
您是否认为保安室位置不合理		2.49	2.21	46.30	67.00
您是否会在进入学府里大门时出现手忙脚乱的情况		1.70	1.10	34.80	52.50

(b)调查问卷数据统计表

图 3.29　调查问卷

4)调查结果的简要分析

(1)闸机分通道较少且未设置通道分流

闸机系统仅有 3 个通道可供出入,一旦人流量较大,便会发生拥挤情况。且闸机系统并未实现进出口分流,进出人群相互碰撞,容易发生堵塞现象。

(2)闸机系统通道较窄

闸机系统通道设计较窄,只能保证一人勉强通过,带着行李的学生通行困难。

(3)闸机系统刷卡不方便

首先会有同学们忘记携带一卡通的情况发生,其次闸机刷卡系统高度设计不合理,会出现刷卡不便的情况。最后同学们不能及时刷卡进出,会在学府里门口处停留,从而引起校门口处拥堵。

(4)闸机系统不灵敏

闸机系统不灵敏,会经常无端报警。

（5）台阶高度和宽度不合理

学生在通过学府里大门进入校园时，需要刷卡通过翼闸。在准备过闸机时还要注意脚下台阶，台阶宽度太窄，学生容易出现手忙脚乱的情况，造成一定心理压力。

（6）保安室的位置不合理

保安室只设置在一边，无法全面观察进出人员的情况，在拥堵发生时无法做到及时指挥，维持秩序。

本次设计以实际调查结果为依据，结合团队成员自身感受，按照从部分到整体的分析思路对学府里大门进行系统的分析。

5）结合人机工程学原理系统分析并解决问题

（1）针对分流问题

设置分流，明确两边通道一侧作为进口通道，一侧则作为出口通道。中间通道按照合理时间进行规划。如在中午或下午放学出校高峰期时，中间通道可作为出口通道使用，在入校高峰期时中间通道作为出口通道使用，闸机分流俯视图如图 3.30 所示。

在闸机前端用明显的指示标志明确标注出进出方向，如使用绿色表示可以通行，使用红色表示禁止通行，闸机分流标志主视图如图 3.31 所示。在条件允许的情况下，尽可能多地设置几个闸机通道，基本上解决了通行问题。

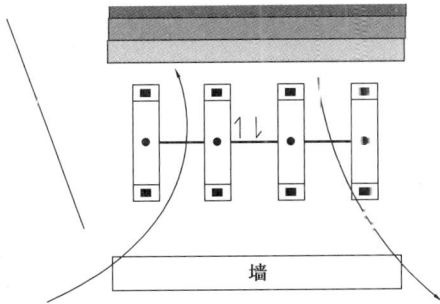

图 3.30　闸机分流俯视图

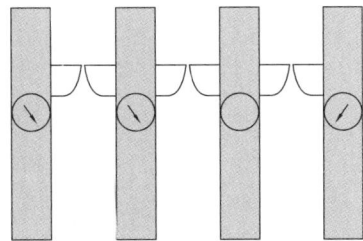

图 3.31　闸机分流标志主视图

（2）针对闸机系统通道较窄的问题

安全人机工程学中尺寸选取的依据为（男子 95 百分位数的人体尺寸+女子 5 百分位数的人体尺寸）/2。因此闸机的设计尺寸选择应考虑女性的 5 百分位数作为尺寸的下限值，男性的 95 百分位数作为尺寸的上限值。成年人体肩宽尺寸数据见表 3.10。

表 3.10　成年人体肩宽尺寸数据

成年人体尺寸/cm					
性别	男子			女子		
百分位	5.0	50.0	95.0	5.0	50.0	95.0
最大肩宽	39.8	43.1	46.9	36.3	39.7	43.8

按照尺寸选取原则:肩宽取(46.9 cm+36.3 cm)/2＝41.6 cm。

尺寸修正量:结合考虑过通道时带有行李或其他物品30～50 cm;

结合尺寸选取原则和尺寸修正量,闸机通道的适宜宽度应为71.6～91.6 cm。所以现有的闸机最窄处尺寸60.4 cm不能使人较为舒适地通过。

(3)针对闸机刷卡不方便的问题

①根据人体尺寸选取原则,修正闸机的高度:肘高取(109.6 cm+89.9 cm)/2＝99.75 cm,尺寸修正量:考虑鞋子的高度25～38 cm。

结合两种情况,闸机的适宜高度为124.75～137.75 cm。所以现有的尺寸闸机高为97.9 cm,不能使多数人舒服地操作。

②为防止学生忘记带卡无法进出,可在刷卡闸机的基础上增添面部识别、指纹识别等设备。

面部识别屏幕的高度:眼高取(166.4 cm+137.1 cm)/2＝151.75 cm。

尺寸修正量:考虑鞋子的高度25～38 cm。

面部识别屏的适宜高度为176.75～189.75 cm。

识别屏幕应设计成可人工调节转动,方便学生从各个角度进行面部识别,这样可以大大提升学生进入的效率。成年人体身高、眼高、肘高、足长尺寸数据见表3.11。

表3.11　成年人体身高、眼高、肘高、足长尺寸数据

成年人体尺寸/cm					
性别	男子			女子		
百分位	5.0	50.0	95.0	5.0	50.0	95.0
身高	158.3	167.8	177.5	148.4	157.0	165.9
眼高	147.4	156.8	166.4	137.1	145.4	154.1
肘高	95.4	102.4	109.6	89.9	96.0	102.3
足长	23.0	24.7	26.4	21.3	22.9	24.4

(4)针对台阶宽度不足的问题

根据人体尺寸选取原则,修正台阶的宽度:足长取(26.4 cm+21.3 cm)/2＝23.85 cm。

尺寸修正量:考虑人的心理安全度15～28 cm。

结合两种情况,台阶的适宜宽度为38.85～51.85 cm。所以现有的台阶宽度19.6 cm不能使多数人舒服地上下。

(5)针对闸机系统不灵敏的问题

闸机系统的质量、连接网络的网速等因素会导致闸机系统无故报警、识别反应变慢,所以必须保证设备的质量和网络的正常连接。为保证贵州大学学府里校门通行的高效率,相关部

门在条件允许的情况下,可利用红外传感器、深度摄像头等器件实现系统的红外测温、图像识别和实时视频传输的功能,在保证系统稳定性的同时提高贵州大学学府里校门的出行效率。

（6）针对保安室的位置不合理的问题

将保安室的位置设置在大门中间轴位置,如图3.32所示,以方便安保人员实时观察校门人员出入情况、维持秩序。

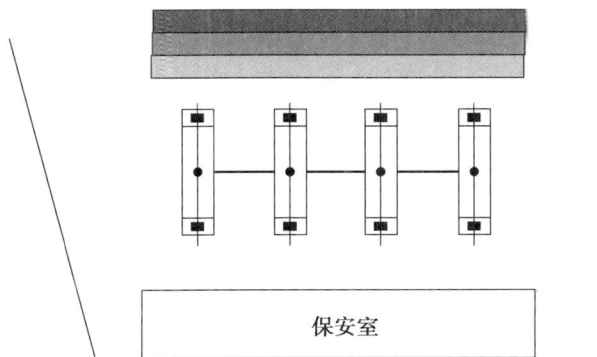

图3.32　保安室位置假想设计

6）结束语

学府里大门是贵州大学和社区联系的进出通道和分隔界面,具有安全保障、标识和导向的作用。按照安全人机工程学的原理和方法来设计大门各个系统的组成部分,不仅可以满足它使用功能的需求,又可以兼顾使用者的感受,将功能和形式完美地结合起来,从"以人为本"的角度出发,结合目前社会经济技术的发展去构筑和谐统一的、人性化的大学校门,是当前我国高校大门建筑设计追求的目标。

3.2　调研与评议选编

3.2.1　我校室外大型垃圾桶翻盖问题调研

贵州大学矿业学院 安全工程　孙飞　苟圆圆

【摘要】

本设计应用安全人机工程学的知识,对我校校园室外大型垃圾桶的翻盖设计进行评析和改进设计。通过调查问卷反映的信息发现问题、提出问题,查找资料,并参考人体尺寸数据,提出合理可行的改进方案,最终加以总结。通过对比市场上不同的垃圾桶设计,考虑成本等相关问题,在环境和经济等实际条件限制下进行改进,使设计更具可实现性。

【关键词】

校园垃圾桶;翻盖设计;脚踏式垃圾桶

【正文】

1)背景

目前我校户外垃圾桶的设计还存在着许多问题:一是仍然采用传统手动翻盖设计,十分不便;二是不能防虫防异味,造成环境污染;三是落后时代发展,不能满足新时代人群的需求。本设计针对以上3个突出问题,作出分析评价,通过对比分析市面上已有的各类垃圾桶,如脚踏式垃圾桶、吊绳式垃圾桶、红外线感应垃圾桶、蓝牙连接式垃圾桶等,分析各类垃圾桶的优缺点,得出脚踏式垃圾桶更适合在高校内部等人群密集的地方使用的结论。

2)调查统计结果

本次共发放调查问卷50份,回收有效问卷41份。

关于校内户外中大型垃圾桶翻盖问题

①您是否经常使用户外的垃圾桶?

选项	小计/份	比例/%
A. 经常	27	65.85
B. 偶尔	13	31.71
C. 很少使用	1	2.44
D. 从不使用	0	0

②您认为垃圾桶的盖子应该采用以下哪种开启方式?

选项	小计/份	比例/%
A. 自动感应开启	20	48.78
B. 脚踩开启	18	43.9
C. 手动开启	2	4.88
D. 其他方式	1	2.44

③您认为垃圾桶的盖子应该采用以下哪种关闭方式?

选项	小计/份	比例/%
A. 自动关闭	35	85.37
B. 手动关闭	6	14.63
C. 其他方式	0	0

④您认为垃圾桶的盖子应该具备以下哪些功能(多选)?

选项	小计/份	比例/%
A. 防臭功能	40	97.56
B. 防雨功能	37	90.24
C. 防虫功能	36	87.8
D. 其他功能	13	31.71

⑤您认为垃圾桶的翻盖设计应该具备以下哪些特点(多选)?

选项	小计/份	比例/%
A. 稳定性好	35	85.37
B. 方便操作	38	92.68
C. 耐用性好	38	92.68
D. 美观性好	25	60.98
E. 其他特点	9	21.95

⑥您认为垃圾桶的翻盖设计应该采用以下哪种材质?（多选）

选项	小计/份	比例/%
A. 塑料	33	80.49
B. 金属	3	7.32
C. 其他材质	5	12.2

⑦您认为垃圾桶的翻盖设计应该具备以下哪些尺寸特点?（多选）

选项	小计/份	比例/%
A. 高度适中	38	92.68
B. 宽度适中	34	82.93
C. 深度适中	31	75.61
D. 其他尺寸	3	7.32

⑧您认为垃圾桶的翻盖设计应该具备以下哪些功能(多选)?

选项	小计/份	比例/%
A. 防止异味散发	40	97.56
B. 防止污染环境	37	90.24
C. 防止垃圾外溢	37	90.24
D. 其他功能	7	17.07

⑨您是否对现有的垃圾桶翻盖设计存在不满意的地方？

选项	小计/份	比例/%
A.是	23	56.1
B.否	18	43.9

⑩您认为垃圾桶的翻盖设计应该采用以下哪种方式？

选项	小计/份	比例/%
A.一体式设计	17	41.46
B.可拆卸式设计	23	56.1
C.其他设计方式	1	2.44

3) 问卷分析

(1) 设计需求

通过问卷分析，我们得出结论，垃圾桶盖子设计趋向于自动化感应和脚踏式开启并自动关闭，传统的手动开启和关闭已不适应人们的需求。设计时应考虑材料本身，如塑料材质价格低，质量轻，金属材料耐受性强，但价格相对较高。并且设计要和谐，不管是一体式设计还是可拆卸式设计，都应遵循美观和谐的原则，即垃圾桶本身与盖子在颜色和材质上应尽量统一，更重要的是要遵循人机功能需求，根据人体功能尺寸设计产品。

(2) 功能需求

通过问卷分析，我们得出结论，大多数人对垃圾桶盖子的需求是防臭、防雨、防虫；被调查者希望垃圾桶盖子可以防止异味散发，防止污染环境，防止垃圾外溢。综上，为了维护环境清洁，室外垃圾桶的盖子必不可少。

(3) 感应式垃圾桶与传统垃圾桶的对比

感应式垃圾桶由微电脑控制芯片、红外传感探测装置和机械传动等部分组成，是集机光电于一体的科技产品。目前市面上主要有3种感应方式：热释电红外、红外对管、微波感应。与传统垃圾桶相比，感应式垃圾桶由1个电子部分和1个机械驱动部分组成，因为其使用电能工作，一旦生活垃圾太多，就需要经常更换电池，并且机器的故障率也高，所以在目前的生活中，传统垃圾桶依然是主流选择。

由图3.33可知，感应式垃圾桶相较于传统垃圾桶的结构更复杂，原料成本及技术成本也较高，学校内人群密集，对于垃圾桶的数量需求较多，因而感应式垃圾桶不适合在高校内推广，经比较后发现，将校内原有的垃圾桶稍加改装，不仅在成本上没有太大的浮动，而且可以较大地改善安全、美观、舒适等方面的问题。

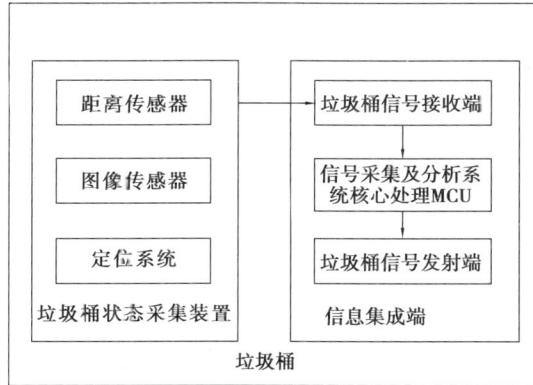

图 3.33　垃圾桶改装

4) 人机工程学设计和改进

基于学校目前使用的垃圾桶存在的问题,我们进行了下述改进。

(1)翻盖的问题

目前,学校室外垃圾桶都是手动翻盖,如图 3.34(a)所示,给学生扔垃圾带来了不便,并且容易脏手,一旦垃圾没有得到及时的清理,垃圾桶盖子上将会堆积更多垃圾,其散发的异味也会影响环境。因此,应对垃圾桶进行改进,使用脚踏式翻盖设计,如图 3.34(b)所示。

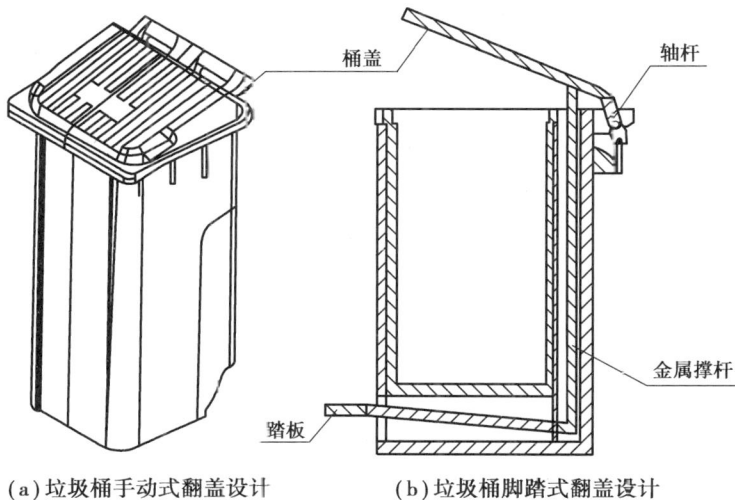

(a)垃圾桶手动式翻盖设计　　　　(b)垃圾桶脚踏式翻盖设计

图 3.34　垃圾桶改进设计

(2)防虫防异味的问题

学校现在使用的公共垃圾桶为了方便同学们扔垃圾,采用敞口式放置,全都没有盖盖子,不仅不美观、污染环境,而且会损害人体健康。垃圾腐烂时产生的各类蚊虫和异味,让人望而却步,对于环境空气质量是极大的破坏,并且敞口式垃圾桶不具有防雨水功能,下雨后,环卫工人们清理垃圾极为不便。

基于此,我们对垃圾桶的盖子进行了部分改进设计。改进后的垃圾桶盖子在凸起部分添加了活性炭以及驱虫药粉,考虑到药粉需要定期更换,因而将盖子凸起部分设计为抽拉式。图 3.35 所示为一个可抽拉的盒子,采用透明式设计,可以及时观察药粉使用情况,以便及时补充。

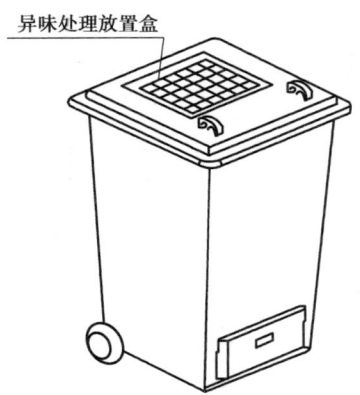

（3）盖子自重的问题

脚踏式翻盖垃圾桶最大的问题就是盖子的自重,盖子不宜过重,否则会造成踩踏负担,因而盖子的选材应该遵循轻巧坚韧的原则。如塑料盖子,只要不是极端恶劣的天气如冰雹,普通的塑料盖子就能满足日常使用需求,能防止异味散发以及雨水泄漏。

（4）人体功能尺寸的问题

针对在校大学生群体,经查阅资料,在垃圾桶高度的设计以及踏板尺寸的设计上,可参照立姿双手功能上举高和人体足宽尺寸,对垃圾桶的高度及踏板的宽度进行设计。

人体相关尺寸见表 3.12、表 3.13。根据设计的合理性,垃圾桶的高度应为正常人立姿双手功能上举高的 1/2,即 800～1 100 mm,分析人体足部尺寸,以满足 95% 的男性的脚宽为参考标准,踏板的宽度应该设计为 103 mm。

考虑修正余量:鞋高为 25～38 mm,脚两侧鞋的厚度大约 10 mm,故垃圾桶的实际高度应为 825～1 138 mm,踏板的宽度应为 113 mm。

图 3.35　抽拉式垃圾桶盖子

表 3.12　人体足部尺寸/mm

年龄分组		男（18～60 岁）						女（18～55 岁）					
百分位数/%		1	5	10	50	90	95	99	1	5	10	50	90	95	99
测量项目	足长	223	230	234	247	260	264	272	208	213	217	229	241	244	251
	足宽	86	88	90	96	102	103	107	78	81	83	88	93	95	98

表 3.13　与垃圾箱有关的人体尺寸/mm

尺寸	男			女		
	5%	50%	95%	5%	50%	95%
立姿肘高	954	1 024	1 096	899	960	1 023
立姿手功能高	680	741	801	650	704	757
立姿双手功能上举高	1 869	2 003	2 138	1 741	1 860	1 976
手长	165	180	197	150	165	180
手宽	70	80	90	60	70	80

5）总结

通过"我校室外大型垃圾桶翻盖问题调研"，我们不仅对校园内垃圾桶翻盖的实际状况有了深入的了解，而且通过调查问卷的方式，发现问题、提出问题，并查找资料，解决了翻盖、防虫防异味、盖子自重和人体功能尺寸等问题，并提出了一系列切实可行的改进措施。

我们相信，这些改进将极大地提升校园环境的整洁度和使用便捷性，同时也能够增强师生们的环保意识。在此，我们要感谢每一位参与调研的老师和同学，是你们的宝贵意见和积极反馈，让这项调研得以顺利进行。我们也要感谢学校的支持，为我们提供了必要的资源和平台，使我们的调研设计得以实施。我们期待这些改进措施能够尽快得到实施，并期待在未来的日子里，与大家一起见证校园环境的持续改善。让我们携手同行，共同创建一个更加美丽、和谐的校园环境。

3.2.2　交通信号灯疏寻控制的人机工程学评析和改进设计

贵州大学矿业学院　安全工程系　李翠翠

【摘要】

通过线上线下相结合的方式对周边十字路口信号灯进行调研，同时进行了人和环境要素的人机分析，发现现有信号灯设置不合理的情况。问题如下所述：

①十字路口信号灯布局不合理。

②信号灯高度、位置、疏导等方面存在问题。

针对以上问题，结合安全人机工程方面的知识对存在痛点进行改进设计，并给出重点部分的详细设计方案及图示。该改进设计方案在保障道路交通安全的同时，也具有设计周期短、可靠性高、维护方便、使用简单等优点。

【关键词】

智能交通信号灯；交通拥堵；实时监测；道路交通安全

【正文】

1）选题分析

据公安部的统计数据，2022 年全国机动车保有量达 4.17 亿辆，其中汽车 3.19 亿辆；机动车驾驶人达 5.02 亿人，其中汽车驾驶人 4.64 亿人。我国每年因交通事故引起的直接损失折款高达上亿元人民币，交通拥堵实质是公共效率拥堵，解决交通拥堵问题同时也是国家"十四五"规划方向问题之一。车辆与路面矛盾较为突出，仅增加道路面积不能有效解决根本问题。实践证明，合理对城市交通信号灯进行优化设计，同时考虑各个路口总体协同优化疏导，设置合理的交通信号灯配置方案，对于改善城市道路交通流质量，实现交通流安全性、快速性、舒适性具有显著效果。目前现有的十字路口设计的平面图如图 3.36 所示。

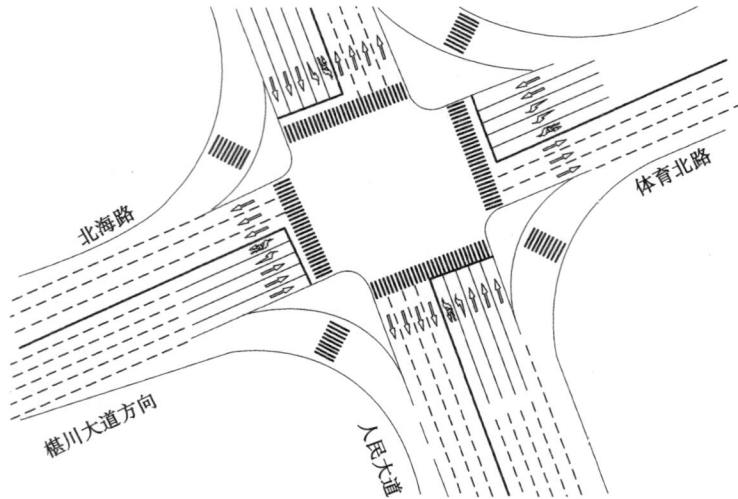

图 3.36　现有的十字路口设计平面图

2）交通疏导控制系统功能

交通疏导控制系统功能可使路面上的车辆、行人能够安全、快速和舒适地通行,智能安全信号灯根据路面上行人与车辆的数量,智能调节信号灯时间,减少交通拥堵问题发生。交通信号灯局部透视图如图 3.37 所示。

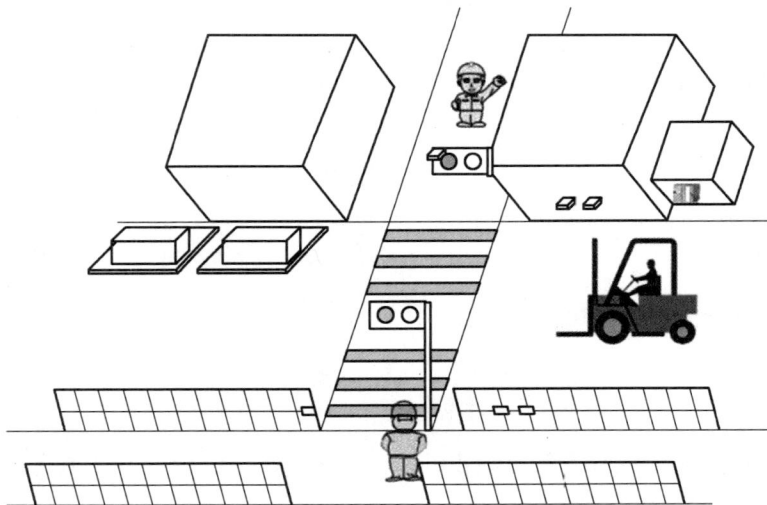

图 3.37　交通信号灯局部透视图

3）使用要求

交通信号灯服务对象较广,要求智能信号灯疏导控制高效化和安全化。当路面的车辆增多时,通过控制系统人们可实时获取车辆交通流数据,进而控制交通信号灯时间长短。

控制调整流程:获取车辆数据—发出指令—变信号灯时间—疏导路面车辆。

4）交通信号灯疏导控制的人机工程学分析

（1）前期调查分析

①调查对象。选择 103 名贵州大学学生、27 名校外司机填写调查问卷，线下走访调查 13 名本校学生、3 名校外司机。共有 146 名受调查者，其中该群体男女比例为 42：31，如图 3.38 所示。

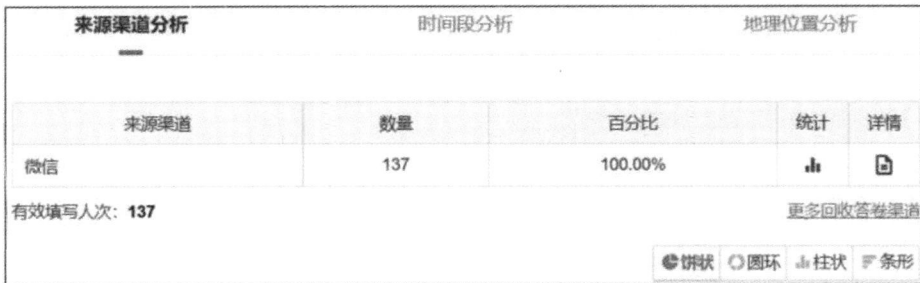

来源渠道分析		时间段分析	地理位置分析	
来源渠道	数量	百分比	统计	详情
微信	137	100.00%	▦	▤

有效填写人次：137　　　　　　　　　　　　　　　　　　　　　　更多回收答卷渠道

　　　　　　　　　　　　　　　　　　　　　　　　● 饼状　○ 圆环　▥ 柱状　Ｆ 条形

图 3.38　线上 137 名受访者情况图

②调查地点。我校校内、航天西路校门口、学校正大门口、花溪公园、家周围信号灯点，如图 3.39 所示。

③调查方式。问卷调查、现场走访调查、文献调查、线上访谈等。

（2）问卷调查表及结果统计

问卷调查表及结果统计如图 3.40 所示。

图 3.39　校内随机走访调查

序号	项目	选项/%			其他
1	你对交通疏导的满意度	很满意 10.22%	一般 34.31%	不满意 55.47%	
2	你对十字路口布局的满意度	很满意 15.33%	一般 31.39%	不满意 53.28%	
3	你对身边交通信号灯时长设计的满意度	很满意 21.17%	一般 24.09%	不满意 54.74%	

续表

序号	项目	选项/%			其他
4	你有遇到过在十字路口很久过不去的情况吗	经常 48.91%	偶尔 33.58%	从未 17.51%	
5	由信号灯时间过长引起的堵车占比	大部分 49.64%	一半 34.31%	很少 16.05%	
6	你认为过斑马线合理的等待时间	30 s 以下 16.06%	30~60 s 56.2%	60~90 s 16.79%	视情况而 定 10.95%
7	你有遇到过绿灯亮车通过的情况吗	经常 53.28%	一般 40.88%	很少 5.84%	
8	你认为信号灯是否有必要插入语音播报	有必要 44.53%	没必要 48.18%	无所谓 7.29%	
9	信号灯间隔时间需要调整吗	应当 41.61%	不应当 49.64%	根据实际情况调整 8.75%	
10	加入智能控制信号灯,对交通疏导的帮助	很大 53.28%	一般 37.23%	较少 9.49%	
11	你周围的道路拥挤度	很拥挤 56.2%	一般 35.77%	不拥挤 8.03%	
12	信号灯故障或设置不合理对城市交通影响大吗	非常大 51.09%	稍微影响 45.26%	较小 3.65%	
13	对信号灯设置的建议(多选)	合理设置红绿灯时间 81.75%	合理设置红绿灯位置 36.5%	增加信号灯只能变时装置 75.18%	增加设置自助信号灯装置 53.28%
14	你觉得设置信号灯应该怎么做(多选)	综合考虑车流人流设置 67.88%	合理确保红绿灯覆盖范围 56.2%	确保信号灯正常运行 47.45%	设置自助信号灯 72.26%

图 3.40 关于现有交通信号灯满意度调查表及结果统计

(3)调查结果简要分析

①谈及对交通疏导的满意度时,很满意的人仅有 10.22% 。交通疏导的对象包括路面上的各类车辆和行人,从社会心理学角度分析,人与车辆之间应存在 2 m 以上的距离,非机动车与大型汽车应保持 3 m 以上的距离。目前社会的发展趋势很难满足这种安全距离的需要,因此交通信号灯的高度、位置、智能调控就显得格外重要,交通信号灯既要保持人机环境的安全距离,又要起到快速疏导的效果。

②有 53.28% 的人认为十字路口的布局不合理,有必要加以改进。在过马路时,有 48.91% 的人认为他们经常遇到很久过不去对面的问题,严重影响时间。这都与十字路口布局分析息息相关。

③在过人行道时,行人和司机认为等待时间较长,在这期间路上的广告基本不能构成用

户视觉的兴趣点,他们更关注与自身有关的事物,比如快速通行。这也是需要改进的方向。

④信号灯应该大而显眼,因为无论是车辆还是行人的通过都需要注意信号灯。甚至在调查过程中,有 44.53% 受访者认为有必要在信号灯中加入语音播报功能,通过听觉加视觉更能高效快捷,这也将纳入改进方案。

⑤一部分人认为,信号交通灯应加入智能控制系统。实时监测路面上的行人与车辆的关系并进行智能调控。有 53.28% 的受访者认为应设置智能控制信号灯,以利于交通疏导。

⑥对交通疏导影响较大的是十字路口布局、信号灯调控。在交通信号灯设置的建议中,有 67.88% 的人建议考虑车流人流位置,设置自助信号灯占比达到 72.26%。

以上述调查结果为依据,按照从部分到整体的分析思路,对分析问题过程中提到的问题及难点进行分析,并作出改进设计。

5)交通信号灯的人机评析及改进准备

(1)十字路口交通布局

①高峰期堵车严重。在早、晚高峰时期,行人或者车辆通过十字路口时,部分地区缺乏交通规则的执行或者信号灯,导致路面出现交通工具和行人拥堵的问题,如图 3.41 所示。"驾车 100 m,堵车 1 h"成为十字路口难以解决的现状痛点,将造成用户选择其他交通工具。

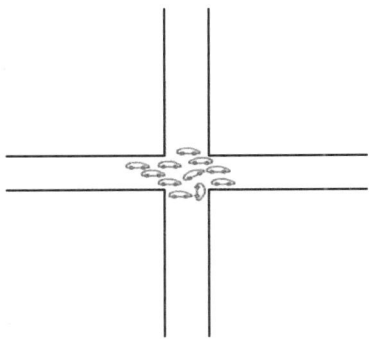

图 3.41 十字路口交通混乱图 　　　图 3.42 车距过小发生堵塞实例图

②车距较小导致堵塞。在调研过程中我们获取了每日车流量情况数据、早晚高峰的车流量情况数据、智能分析车辆数据、数据可视化分析车辆数据、传感器和图像识别分析十字路口的车流量数据等。可视化分析技术,可实时传感出路面现有的车辆数量,然后再传输至控制系统发出指令,便于决策分析数据。在调研中我们发现在城市道路十字路口处,跟车距离一般保持为 10～20 m,在十字路口等信号灯时,候车距离可缩短至 1 m。但走访调查结果显示,很多司机在等信号灯时车距都远小于 1 m。在堵车和等信号灯时,可减小车距,从而提高十字路口车辆通行效率。车距过小发生堵塞实例如图 3.42 所示。

在路口等信号灯时,老司机都习惯与前车保持 1 个车位距离,这样可防止前面车辆溜车、留出应急空间,不受前方故障车辆的影响。但同时留出的空隙会让部分行人、电动车、自行车在车流缝隙中穿梭,增加交通事故的发生概率。

③车辆通行车道不清晰。在十字路口处现有的设计中,如遇到不了解十字路口路况的司机,会出现扰乱交通、走错车行道等状况,所以将中间矩形部分标示出拐弯道,将更有利于交通疏导。这也将纳入十字路口布局的改进设计中,即在矩形框内标出方向标示。

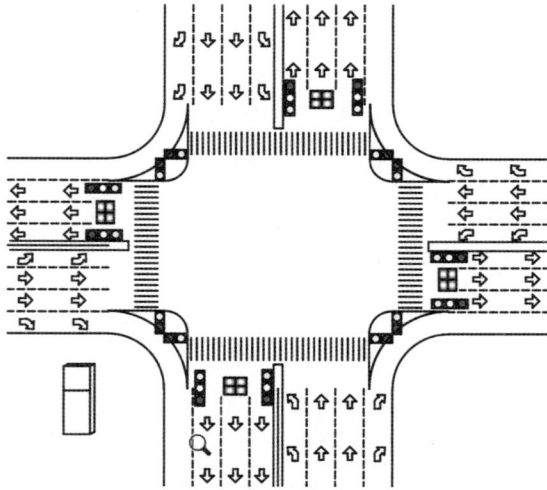

图 3.43 十字路口通行设计图

(2)等待时间较长,很久不能通行

①信号灯信号时间不合理。在经纬交叉线上,将分别闪现 4 次(少数会有 6 次)不同信号的准行信号转换,信号灯循环转换次数时间为 2 min/次。调研发现,直行准行时间比较长,最高可达到 40 s;左转准行时间较短,在 15 s 以内;除少数直行路线外,车辆需通行的时间小于 30 s,而信号灯最长禁行时间可达到 100 s。这部分改进设计将通过引入智能交通信号灯控制系统来实现(图 3.43)。

②信号灯位置不合理。部分地区信号灯位置设置略显不合理,在某些十字路口交叉处,信号灯位置被设置在道路的左侧或右侧。而押送货物的大车或者工程运输车辆会经常停在这个位置,导致路面上的行人或者其他车辆无法看到信号灯的指示信息,如图 3.44 所示。尤其是在等信号灯时,甚至会使低于大车的车辆或行人错失通行的信号,轻则造成交通堵塞,重则导致交通事故发生。

相关调查研究显示,正常人的垂直视野和水平视野如图 3.45 所示。司机在驾驶过程中,在无遮挡物情况下仅能注意到水平视野 180°范围内的事物。因此无论是行人还是小型车辆均要避免出现在司机的驾驶盲区。

③信号灯高度设置过低。在大多数城市中,大车的数量庞大,如果信号灯的高度不合适,同样会导致其他行人或者车辆看不到信号灯,导致信号灯的交通疏导性降低,应给予适当的改进。

图 3.44　大车遮挡交通信号灯图

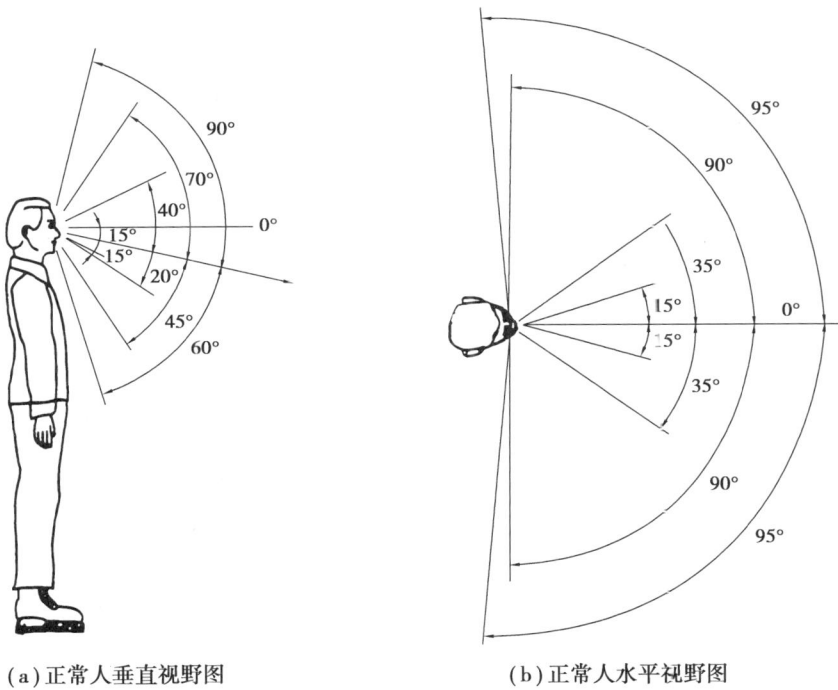

（a）正常人垂直视野图　　　　　　　　（b）正常人水平视野图

图 3.45　正常人垂直视野和水平视野图

④信号灯颜色设置不明显。城市十字路口交通设备过于老旧,导致信号灯的颜色显示较暗。或者信号灯的亮度不够,从而导致交通疏导信息不能及时传递,造成车辆行人混乱,降低交通疏导效率。

（3）车与车、车与人的距离较短

①车与车现状分析。在道路通畅的市区开车时,普通驾驶员从看到绿灯到采取停车动作的反应时间通常为 0.3 ~ 1 s,应当与前车保持 30 ~ 40 m 的安全车距。驾驶员在开车时必须减速慢行,时刻观察前方路况。尤其是遇到十字路口信号灯时,不但应保持安全距离,还应对前车的减速做出相应减速措施,如图 3.46 所示。

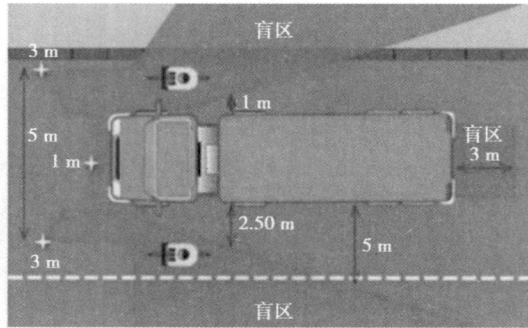

图 3.46　大货车司机视野盲区分布图

无论是在开车通行过程中,还是在信号灯等待时,驾驶员都应远离大货车,因为无论在正常通行还是在等待信号灯时,大货车的视野盲区会导致其驾驶员看不清楚甚至看不见后面的车辆,所以驾驶员一旦遇见大货车,在保证安全的情况下尽量超过大货车。

②车与人距离现状分析。行人与直行的大型汽车应保持 2 m 以上的安全距离,行人遇到大型汽车时应尽量让行,因为大型汽车对行人的伤害不可逆转。同时,无论是交通通行中还是信号灯等待过程中,行人都应该与其保持安全距离,尤其是在等信号灯时,行人与车辆应保持 2 m 左右的安全距离。

(4)交通信号灯及其他常见故障分析

①信号灯不能正常使用。信号灯的硬件受损或出现故障不能正常使用时,将导致信号灯出现不亮、单色信号灯显示时间较长、指示亮度较差等问题。

②复合信号灯错误指导。同个发光单元显示红、黄、绿 3 种灯色,没有按照从上往下、从左往右顺序进行排列。色盲、色弱等人群无法通过位置判断信号桩上信号灯的颜色,存在极大的安全隐患。

③路口未设置信号灯或数量较少。满足设置条件的路口或路段没有设置信号灯,行人与车辆在通行过程中不能较好被指示或不能被指示,易造成交通混乱。

④信号灯控制配时不合理。信号灯配时没有考虑交通车流、人流的实时变化情况,全天配时方案较为单一(仅有 1 种或者 1~2 种)。

(5)交通信号灯疏导控制的部分改进设计

在上述人机工程学分析中,针对需提高的部分问题我们都提出了简略的改进方法。其中信号灯高度、智能疏导控制是重点,将直接影响交通流。现针对十字路口布局、信号灯放置、信号灯智能疏导控制进行改进设计。

(6)信号灯安装改进

信号灯安装改进主要分为位置要求和高度要求两类,改进说明如下所述。

①信号灯位置改进。在没有机动车和非机动车隔离带的道路时,交通信号灯灯杆应安装在路缘线切点左右两边,如图 3.47 所示,当道路较宽时,可采用安装悬臂式信号灯的方法将

信号灯安装在右侧的人行道上,如图 3.48 所示,同时可按实际情况在左侧人行道上增加 1 个信号灯组,当道路较窄时,可在道路两旁安装柱式信号灯,如图 3.49 所示。当驾驶员停车距离信号灯大于 50 m 时,应在进口停车线附近增设 1 个信号灯组。人行道信号灯应安装设置在人行道两端内沿或者外沿线的延长线,距路缘 0.8～2 m 的人行道上,采取对灯的安装方式。在通过人数较多的地段,应配置声响提示装置。

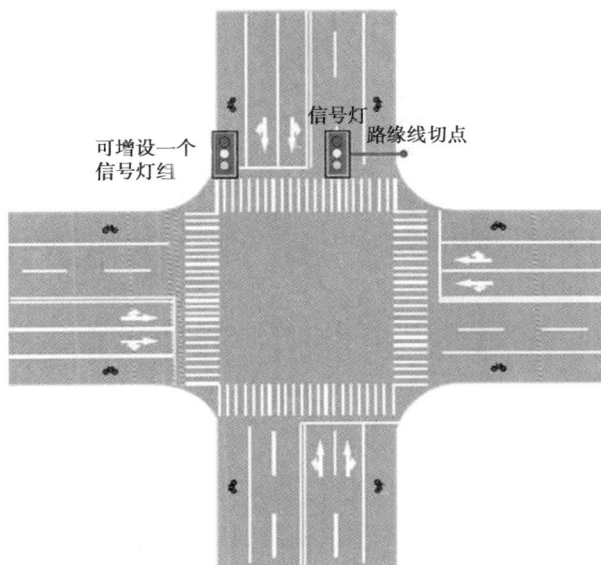

图 3.47　信号灯杆安装于路源线切点图

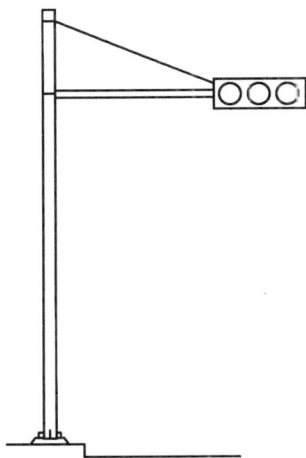

图 3.48　悬臂式信号灯安装图

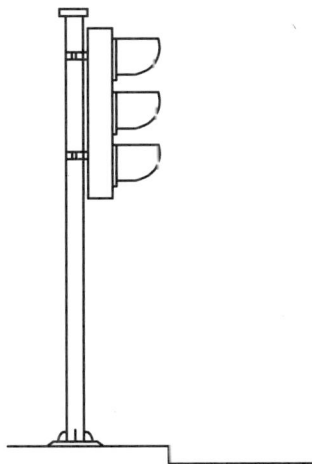

图 3.49　柱式信号灯安装图

　　②交通信号高度改进。机动车、道口信号灯、方向指示采取悬臂式安装较好,高度设计为 5.5～7 m,采用柱式安装信号灯,高度应大于等于 3 m,如信号灯安装在立交桥体上,其高度至少要大于等于桥体净空,非机动车信号灯安装高度应为 2.5～3 m。

（7）交通灯发光显示形式改进

将交通信号灯由原来使用的电子数字显示器,改进设计使用原点阵显示。电子显示器主要存在两个问题:

①字形由直线段组成,若失去常态的曲线会给人带来认读不便。

②字间隔会因字不同而不均匀变化,如图 3.50 所示。查阅资料可知,小圆点矩阵构造字符可读性较好,可大幅度减少混淆,如图 3.51 所示。

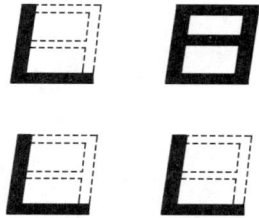

图 3.50　信号灯电子数码显示　　图 3.51　信号灯圆点阵显示

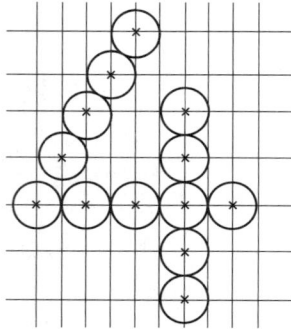

（8）交通信号灯安装方向改进及颜色选择

通过查阅文献资料可知,正常人的水平内视野如图 3.52 所示。因此交通信号灯应该安装在人的最佳视野区,选择在 20°以内较好。在十字路口中央部分安装信号灯应该设置在高于频繁通过的最高车辆的净空高度界限。信号灯改进为其亮度应满足 100 m 以外能被人看见,且保持水平方位就能被人看到,如图 3.53 所示。

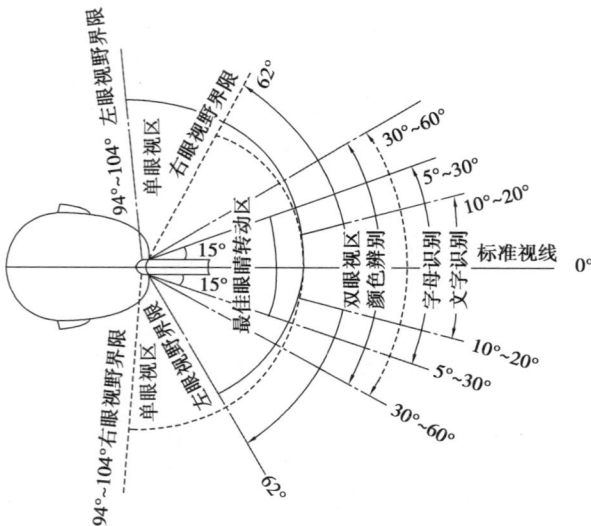

图 3.52　正常人水平面内视野图　　图 3.53　交通信号灯亮度设置布置图

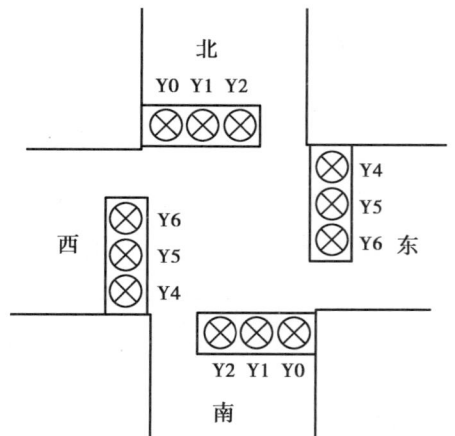

虽然生活中有 10 种常见不易混淆的信号灯编码颜色,但通常交通信号灯选择红、黄、绿 3

种颜色。人们在远处辨认目标前方的颜色时,容易辨别的颜色次序是红、黄、绿 3 种颜色。同时红绿黄 3 色透光率强、易让行人识别,所以选择其作为交通信号灯主要的颜色。

（9）交通信号灯形状改进

传统交通信号灯通常为圆形,这种形状会增加红绿色盲症患者辨别的难度,在他们眼里红灯和绿灯都是呈现灰色,极大可能会出现误闯交通信号灯的情况。因此可以通过改变交通信号灯的形状来改善认不清交通信号灯的情况。本次改进设计采用矩形、菱形、圆形混合式的交通信号灯,如图 3.54 所示;已有部分城市开启使用形状混合式交通信号灯,如图 3.55 所示。

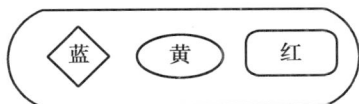

图 3.54　改进后的交通信号灯

图 3.55　形状混合式交通信号灯

另外,需考虑人反应时间影响因素。调查结果显示,较多交通事故的发生原因是司机反应时间不够。除驾驶员自身因素外,在交通信号灯改进设计中可以选择让人反应时间较短的颜色。不同颜色影响人的反应时间见表 3.14,同时还可以采取人为增加车距等措施。

表 3.14　反应时间与颜色的关系

颜色对比	黑、白	红、绿	红、黄	红、橙
平均反应时间/ms	197	208	217	246

（10）交通信号灯时间变换改进

根据相关标准,现有机动车和非机动车信号灯转换顺序为:红—黄—绿—红。目前的信号灯绞少能做到根据人流量、车流量进行智能变化,本次交通信号灯时间变换改进主要基于智能分析技术和数据可视化技术设计,实现了智能交通流全息的可视化感知,提升了道路运营管理水平。该系统根据当下交通信号灯痛点进行设计,功能结构模块包括 4 个方面:数据采集模块、数据分析模块、用户登录模块、数据可视化模块。其中,数据采集模块包括数据获取、数据预处理功能;数据分析模块包括指标计算、指标分析等功能;数据可视化模块包括数据呈现、用户交互等功能。交通信号灯——智能交通疏导控制系统功能结构图如图 3.56 所示。

本设计根据城市内部不同道路的交通流量,基于大量的模拟仿真数据,设计开发实现路口交通信号灯、过路行人与道路车流量的协同疏导算法,以改善交通流质量,确保城市交通的

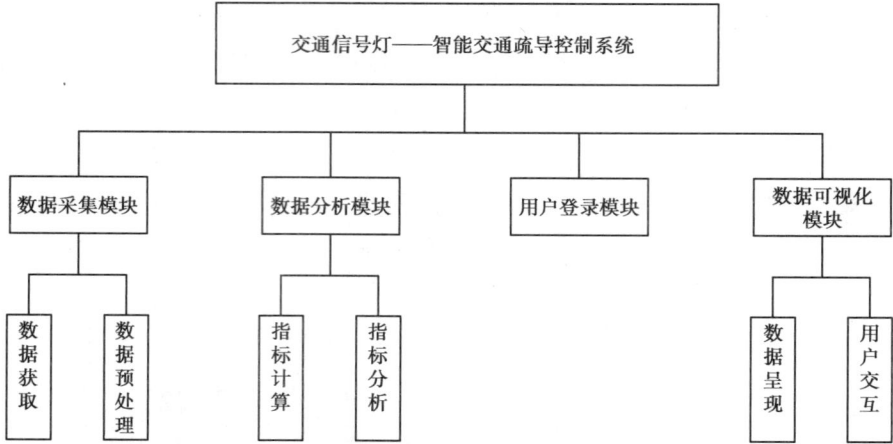

图 3.56 交通信号灯——智能交通疏导控制系统功能结构图

安全性、快速性和舒适性等。基于这些相关技术框架,能够实现智能交通全息的可视化感知,提升运营管理水平,进而提高事件响应效率。该智能交通疏导控制系统测试任务创建如图3.57 所示。其主要功能是用户通过控制监控系统,实现交通信号灯的智能切换。服务器将数据传输到数据库,同时仿真系统将数据存储到数据库,然后数据库将数据传输到监控系统处理信号灯交换的具体时间。

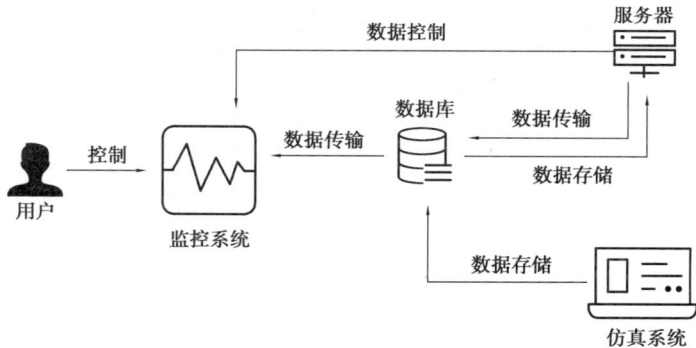

图 3.57 智能交通疏导控制系统测试任务创建流程图

本改进设计方案工作原理图如图 3.58 所示。通过借助仿真系统、数据库、服务器等媒介,将路面上车辆流量、人流量信息经过仿真系统生成指标性数据,然后将大量的指标数据存储到数据库里。最后数据库、服务器、监控系统三者共同作用,通过用户对监控系统的操控,达到存储大量数据的效果,同时可通过监控系统控制信号灯变换时间,进而控制车流量及行人数量。

(11)语音提示改进设置

在人机环境系统里可以靠语言传递信息,交通信号语音提示等功能可满足红绿色盲、色弱人群的需求。增加交通信号灯语音提示功能,优点是可以使传递和显示的信号灯信号含义准确、接收速度较快、信息量大、不受方向和光照的影响,缺点是容易受到噪声的影响。语言

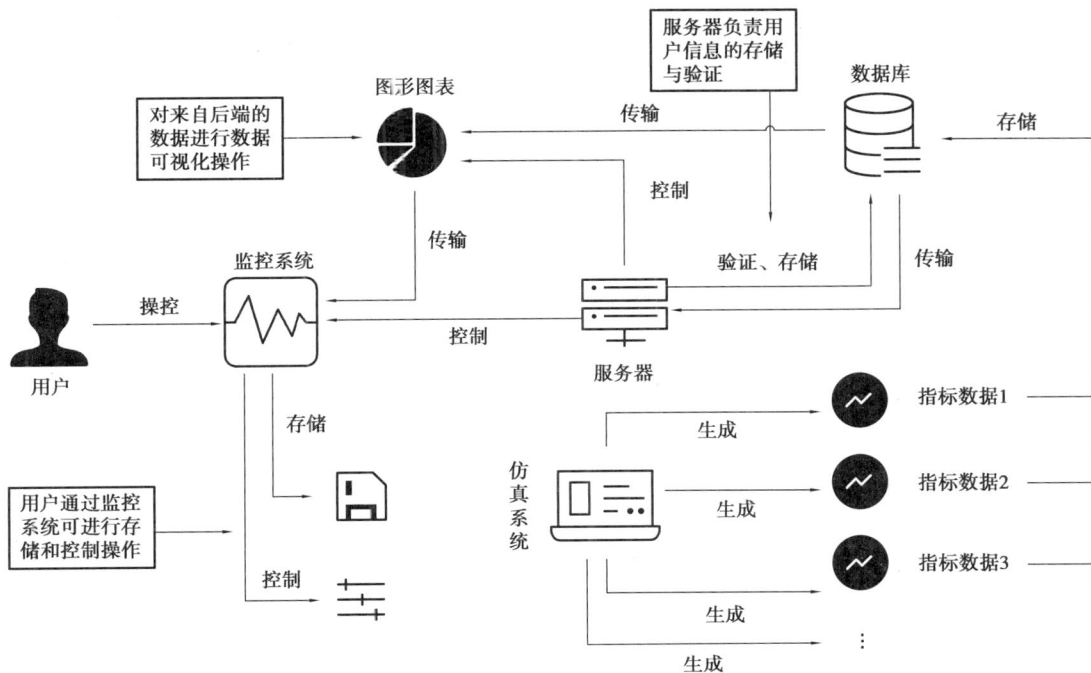

图 3.58　信号灯——智能交通疏导控制系统工作原理图

清晰度是指耳朵能听清的语言百分数,设计语音提示时,其交通信号灯发出的声音清晰度必须≥75％,才能够较好地传递交通信号灯信息,见表 3.15。

表 3.15　语言清晰度的评价表

语言清晰度百分率×100	人的主观感受
65 以下	不满意
65～75	能听懂但费力
75～85	满意
85～96	很满意
96 以上	完全满意

　　根据人耳能接受的程度以及保护耳朵功能的上限,信号交通灯根据改进装置的语言强度设置为 60～80 dB 。噪声对交通信号灯语音播报传示的声音有影响,相关调查显示,当交通信号灯周围的噪声声压级大于 40 dB 时,这时噪声会对信号灯提示的语音有屏蔽功能。

　　6) 小结

　　本设计从安全人机工程学的角度出发,调查了交通信号灯所处的人机系统环境构成。并在此调研过程中发现,现有的交通信号灯系统中存在一定问题。本设计联系安全人机工程学的评价方法,阐述了十字路口布局,信号交通灯位置、形状、颜色、安装位置、信号灯时间等的不合理性。针对存在的问题时我们都作出了简要改进设计,同时也作了部分重点阐述。在进行交通信号灯时间变化改进设计时,应结合数据分析和数据可视化分析等技术,通过监控系统控制信号灯,并根据路面行人量、车流量,智能实时变换交通信号灯,为城市交通安全作出贡献。

3.2.3 共享乒乓调研及设计

贵州大学矿业学院 安全工程系　刘永芳　龚仕强

【摘要】
乒乓球既是一项起源于英国的竞技类运动,也是中国国球运动,受到大众的喜爱。乒乓球可以满足不同人群的锻炼需求,提高大众身体素质。但是乒乓球运动需要一定的场地和设施,这在很大程度上制约着乒乓球运动的普及。共享乒乓设备作为近几年的一种新兴事物,其设备成本较高,推广宣传范围小。本设计方案尝试通过对共享乒乓设备进行改进,达到促进乒乓球运动发展及造福乒乓球爱好者的目的。

【关键词】
乒乓球;共享;发球机;大众运动

【正文】
乒乓球运动是一项具有娱乐性、竞技性,且风靡全球的体育项目。由于乒乓球运动所需要的场地较小,设备、器材简便,因此老少咸宜,可以满足不同人群的运动量要求。这些简便的条件和良好的锻炼方式使得乒乓球项目在一些国家的普及率很高,具有较为广泛的群众基础,是民众健身体育运动中的主要项目之一。由于乒乓球自身的特点以及我国良好的乒乓球运动氛围,乒乓球运动得到了更加广泛的开展。适当的乒乓球运动不仅能够强身健体,改善视力,还能够愉悦大众内心,缓解大众身心压力。

1)问卷评估

(1)调查问卷

通过蹲点我校体育馆,对50名打球的同学进行了问卷调查。

乒乓球运动现状调查

①您的户口类型?

选项	小计/份	比例/%
城市	17	34
农村	33	66
本题有效填写人次	50	

②乒乓球给您带来了什么?

选项	小计/份	比例/%
不喜欢乒乓球	1	2
健康	41	82
自信	43	86
快乐	37	74
其他	12	24
本题有效填写人次	50	

③您是否受过专业训练?

选项	小计/份	比例/%
是	10	20
否	40	80
本题有效填写人次	50	

④您认为制约您乒乓球发展的因素有哪些(多选)?

选项	小计/份	比例/%
没有较好的运动场地	24	48
没有专业指导训练	31	62
没有球友(或很难约到一起)	38	76
没打算认真练习	2	4
其他	3	6
本题有效填写人次	50	

⑤您认为您家乡的乒乓球设备如何?

选项	小计/份	比例/%
场地和设备令人满意,有打球欲望	8	16
设备和场地较少,距离远,很少去打球	31	62
设备和场地稀缺,几乎不打球	11	22
本题有效填写人次	50	

⑥您对训练场地的要求有哪些?

选项	小计/份	比例/%
明亮且宽敞	6	12
明亮且足够施展即可	38	76
无过多要求	6	12
本题有效填写人次	50	

⑦您认为乒乓球发球机怎么样?

选项	小计/份	比例/%
和与人练球始终有差别,不愿使用	4	8
发球稳定,对球技提升有帮助,愿意使用	44	88
其他	2	4
本题有效填写人次	50	

⑧想打球却无球友时,您是否愿意使用发球机练球?

选项	小计/份	比例/%
愿意	44	88
不愿意	6	12
本题有效填写人次	50	

(2)调查结果分析

通过问卷发现,被调查人中户籍为农村的较多,因此存在一定的偏差,如城市户籍的同学趋向于在校外乒乓球馆等条件好的场所打球,该调查可以在一定程度上反映当前农村乒乓球运动的现状。

问卷中,有近八成的同学表示乒乓球运动给自己带来了健康、自信和快乐,个别同学表示乒乓球运动给自己带来了荣誉、成长和友谊。在受访者中,仅20%的同学受过专业培训,分析问卷可发现,场地、指导以及球友成为影响同学们球技提升的主要因素。此外,仅16%的同学表示家乡的乒乓球设备场地完善,而很多人因为设备问题选择少打球或者不打球;76%的同学对场地需求为明亮且足够施展即可。近九成的同学表示发球机发球稳定,愿意使用发球机练球。

总的来说,场地、对手、专业指导等不够完善成为多数乒乓球爱好者之痛。

（3）人机评析及改进

基于现状,为实现大众乒乓运动普及,设计大众乒乓球练球平台,2018 年 7 月,一款名为 AIPHABOX 乒乓球的设备被研发上市,其核心为乒乓球发球机,空制方式由小程序完成,可发上旋、侧旋、下旋等旋转球,实现控制落点,针对不同人群满足不同需求,以达到熟悉球性、固定动作、提高球技的目的,如图 3.59 所示。该设备占地面积 15 m^2,配备空调、球拍、球桌、发球机、舱体等,具有室内运动的舒适性,无人化管理,维护成本相对较低等优点。但是产品推出后,本该深受欢迎的设备却至今无人问津。经过调查分析,原因在于该产品价格高（6 万元）,以及使用费用也较高（1 元/min）。

空间环境和设施影响着人们的运动心情。体育馆不仅需要提供运动场地,还需要提供空间环境和设施。这些都需要对体育馆的室内设计进行精心的设计和思考,才能够给运动者带来好的心情,从而提升锻炼效果。并且,通过体育馆的科学设计,更加能够激发出运动员的运动活性和积极性,从科学的角度入手提高健身效果,促进全民健身目标的实现。

（4）组装化设计

本设备采用"钢架+海螺型材+钢化玻璃"的组装结构,易于拆装和运输,减少成本,有利于产品推广。光线通过透光顶板进入室内,既可以充分透光,又不会让光线太强烈,也可避免形成斑驳光点影响运动。顶层增加拉帘,用户可根据需求选择。

现秉承安全、高效、经济、环保理念,对本设备做出改进。

图 3.59　AIPHABOX 乒乓球设备

2）舱体尺寸优化

（1）赛事球桌标准尺寸:

长:2 740 mm;宽:1 525 mm;高:760 mm。

（2）长、宽、高设计:

根据《中国成年人人体尺寸》（GB/T 10000—2023）18 ～ 60 岁男子（人体尺寸见表 3.16）设计。

经查阅,95%的变换系数 $K=1.645$,方差 SD = 45。

第 95 百分位数值 $X_a=(596+45\times1.645)\,\text{mm}=670.025\ \text{mm}$ 。

表 3.16　中国成年人人体尺寸

百分位数	1	5	10	50	90	95	99
上臂长	279	289	294	313	333	338	349
前臂长	206	216	220	237	253	258	268
臂长	485	505	514	550	596	596	617

根据国家卫生健康委员会此前发布的《中国居民营养与慢性病状况报告(2020 年)》,18 ~ 44 岁的中国男性平均身高为 169.7 cm,相关数值见表 3.17。

表 3.17　相关数值

身高均值/mm	标准差	95 百分位数 K 值
1 697	56.6	1.645

$X_a=(1\ 697+56.6\times1.645)\,\text{mm}=1\ 790.107\ \text{mm}$ 。

经过理论计算以及结合实际:

①身后留长 1 500 mm,舱体总长 4 240 mm。

②身体左右留宽 670.25 mm 即可满足用户需求,为便于设计可将宽度设为 2 900 mm。

占地面积:4 240 mm×2 900 mm = 12.296 m^2(与停车位相当)。

③高度:根据实际情况可设为 2 100 mm。

此尺寸可满足单人训练或双人训练。

3)自动收球设计

取消集球网,设置地板倾斜角度达到自动收球功能。

4)小程序设计

①增加入门、进阶、专业等不同模式。

②提供注册用户交流的平台。

5)扇形门改为推拉门

门设计为推拉门,可达到节省空间、增加安全性目的。

6)其他设计

①发球来向背景设计为黑色(赛事用球为白色),增强视觉敏感,使用户体验感更好。

②增加击球点设计,球桌宜设置可移动磁吸撞击物作为击球点,有效提高用户击球和控球意识。

7）优化收费方式

合理利用低高峰期不同使用需求及使用时长进行分类收费、合理收费。

8）安装场地

安装应面向运动人员多、居住人员多的场所，以及其他有特定需求的场所，例如俱乐部、社区、广场、体育馆、各高校等。

9）结束语

乒乓球运动爱好者众多，当前共享乒乓运营范围小、价格高，对该项目的改进可以降低运营成本，优化结构，对乒乓球设备的推广具有较高的参考价值，既是广大乒乓球运动爱好者的福音，也是乒乓球运动发展的重大标志。

我们希望各项体育运动蓬勃发展，通过体育运动的蓬勃发展，使国人强魄健体，更好地为社会主义事业而奋斗。

3.2.4　新能源汽车自燃的安全人机问题初探

贵州大学矿业学院 安全工程系　吕心妍　张瑞嘉

【摘要】

新能源汽车作为汽车工业新时代发展的"制高点"，其产业发展将带来交通能源消费结构优化、城市空气污染减少等经济和社会效益。新能源汽车不仅代表未来汽车的发展方向，而且目前以新能源汽车为主导的汽车工业已经开始不断开拓市场。2021 年，我国共售出 352 000 辆新能源汽车，连续 7 年位居世界第一。但 2022 年出现了新能源汽车的销量急剧下滑的现象，主要原因是新能源汽车自燃事故频出。随着近年来新能源汽车生产规模的进一步扩大，人们对新能源汽车安全隐患的担忧也越来越严重。近几年，新能源汽车动力电池自燃事故屡见不鲜，而且起火燃烧速度快，扑灭难度大，那新能源汽车安全吗？为此，我们调查研究了 2022 年新能源汽车自燃事故情况，探讨其中的安全人机工程学问题，并总结出改进设计方案。

【关键词】

新能源汽车；自燃；安全人机；动力电池箱体

【正文】

1）事故情况及统计

2022 年，新能源汽车自燃事故频发，引起了社会各界的关注。官方统计数据显示，2022 年全国新能源汽车自燃事件数量共计 100 起，其中致人伤亡 5 人，造成经济损失 5 000 余万元。为了更好地调查研究新能源汽车自燃事故具体情况，我们搜集了相关事故的新闻报道，统计记录了 2022 年国内报道的新能源汽车自燃事故，由媒体报道的新能源汽车的自燃事件为 75 起，对于大众来说，这个数据很有冲击力。

2) 统计情况及问题分析

根据上述不完全统计表列出的各项基本情况,可以得出以下分析结果,当新能源汽车自燃事故发生时:

①月份:分为4个季度来看,第1季度发生事故14起,占比18%;第2季度发生事故23起,占比31%;第3季度发生事故29起,占比39%;第4季度发生事故9起,占比12%,可见自燃事故多发于第2、3季度(图3.60)。

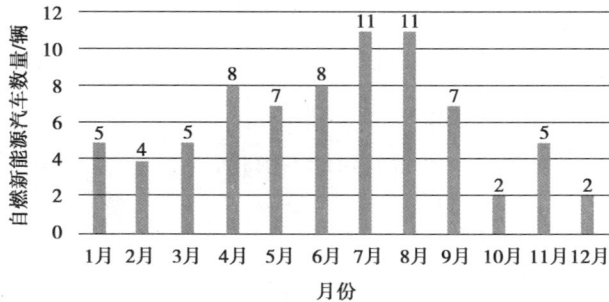

图 3.60　新能源汽车自燃数量与月份统计图

②汽车品牌及车型:在对发生自燃事故的新能源汽车品牌进行统计时,发现其中比亚迪的汽车事故高达23起,占比32.4%,其主要发生事故车型为"唐DM-i",发生事故达9起,占比11.8%。不过,这里需要特别指出的是,比亚迪新能源汽车在2023年以186.35万辆的总销量远远大于排在其后的前10名。所以虽然比亚迪新能源汽车2022全年的自燃事故最多,但并不能据此断定比亚迪新能源汽车是不安全的。

③电池种类:发生自燃事故车辆的动力电池主要分为三元锂电池(事故40起,占比53%)和磷酸铁锂电池(事故25起,占比33%),其余电池类型未知,由此可见,三元锂电池更容易引起相关自燃事故(图3.61)。

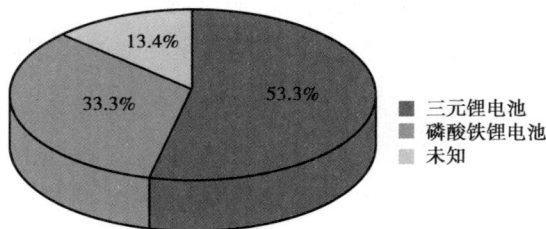

图 3.61　发生自燃事故车辆的动力电池类型饼状图

④省份:事故高发省份排名前三的为广东省(事故16起,占比21%),上海市(事故8起,占比10.5%),四川省(事故7起,占比9.2%),均为南方省份(部分南方省份发生事故比例未列出),北方省份发生事故数为14起,占比18.4%,远远低于南方的81.6%。

⑤气温:根据图中部分统计数据可知,新能源汽车自燃受一定的温度影响,当地气温在10~20℃时和30~40℃时,新能源汽车的自燃事故数相当,为16起,而处于20~30℃这个区间

时事故率最高,占比为 47.5%(图 3.62)。

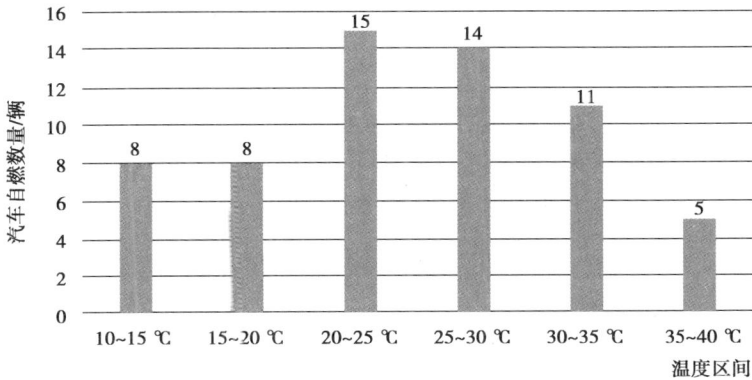

图 3.62　新能源汽车自燃与温度关系柱状图

⑥事故发生车辆情况:已知发生事故的车辆共 68 辆,事故发生车辆分别是"大部分处于静止停放"(27 起,占比 39.7%)或"充电状态"(占比 22.1%),行驶状态相关的事故比例(13 起,19.1%)也相对较高,而由于碰撞引起的车身起火安全事故较少(7 起,占 10.3%)。

3)问题评析及改进准备

新能源汽车自燃的原因是锂电池内部或外部短路后,短时间内的电池释放大量热量,温度急剧上升,超过电池极限温度,从而导致热失控最终引发事故。热失控,即新能源汽车动力电池在充放电过程中发生不可控的剧烈放热反应。新能源汽车电池热失控自燃事故存在普遍性,电池处于充或放电状态中都有导致热失控的案例,并且各种天气及不同气温下都有发生。各汽车品牌都出现过热失控自燃事故,电池处于充或放电状态中都有导致热失控的案例。但所有自燃事故发生的过程基本相似,热失控的实质原因也基本相同,即汽车动力电池材质、工艺上存在的问题导致电池热失控进而引发自燃。

由于起火点在车辆内部,该类火灾事故具有初期不易发现,而一经发现就一发不可收的特点。这类事故往往是单个电芯起火,引起周围电芯连环起火反应,最后引起整个系统的剧烈燃烧甚至爆炸。整个过程可能存在二次、三次起火点,并且在不同阶段,释放不同的气体甚至有毒气体。接下来,我们将从车辆自身结构、外界环境及人为因素 3 个方面对新能源汽车自燃事故产生原因进行分析研究,以利于后续改进工作。

4)车辆自身结构

(1)新能源汽车的主要结构

为了提高新能源汽车的安全性能,我们首先要充分了解新能源汽车的主体结构,才能够根据实际情况制订合理的避险方案。锂电池新能源汽车主要由电力驱动系统、电源控制系统和辅助系统构成,在实际运行过程中,需要各系统相互配合,才能保证新能源汽车的稳定运行。

锂电池新能源汽车的电源系统主要由锂电池组、能源管理系统和充电机构成,其主要作用是向电动车的发动机提供能源,使发动机能够正常工作,并且还能检测电源运行情况和控制充电时间。锂电池新能源汽车还需要安装蓄电池,蓄电池主要将低压电源通过串并联的方式来为锂电池组提供充电标准。

锂电池新能源汽车电力驱动系统是由功率转换器、车轮、内部发动机等模块构成的,能够将存储在锂电池组内部的能源通过转换器将其转换为动能,并将新能源汽车制动时所产生的动能重新转换为电能,并将其存入锂电池组内,节约部分能源。

锂电池新能源汽车的辅助系统主要是由导航系统、空调器等基础模块构成,能够提高新能源汽车的操作便利性和舒适感。

(2)电池结构及比较

①锂电池结构。新能源汽车使用的时间越长,其电池组的老化程度也会逐渐增加。随着电池老化,其安全性能可能会下降,导致自燃的风险增加。通常情况下,新能源汽车的电池组寿命为 5~8 年,超过寿命的电池组可能存在较大的自燃风险。

锂电池的基础结构主要由 4 个部分构成,分别为正极、负极、电解液和隔膜。通常情况下,正极材料使用锂化合物;负极主要采用锂—碳层间化合物;电解液主要采用锂化合物的有机溶液,溶剂为碳酸丙烯酯、甲乙基碳酸酯等溶液按照规定的标准混合得到;隔膜材料为聚乙烯(PP)或聚丙烯(PE)。

锂电池火灾具有危险性。在实际运行过程中,如果新能源汽车出现锂电池火灾情况,其会出现放热连锁反应,并且会促进锂电池内部反应向正反应进行,温度持续升高,严重时容易出现爆炸。

②两种电池比较。三元锂电池和磷酸铁锂电池是目前国内市场新能源汽车的两种主流电池,单位容量相同的两种电池性能指标比较见表 3.18。这两者虽同属锂离子电池,但在性能方面仍存在诸多不同。三元锂电池具有较高的能量密度,磷酸铁锂电池则拥有较好的安全性。

表 3.18　两种电池性能指标比较

性能指标	性能比较
安全性	磷酸铁锂电池>三元锂电池
能量密度	磷酸铁锂电池<三元锂电池
循环寿命	磷酸铁锂电池>三元锂电池
高温性能	磷酸铁锂电池>三元锂电池
低温性能	磷酸铁锂电池<三元锂电池
充电时间	磷酸铁锂电池<三元锂电池

从技术原理上看,三元锂离子电池的燃点比磷酸铁锂电池低,三元锂电池自燃温度为 200 ℃,磷酸铁锂离子电池自燃温度为 500~800 ℃,三元锂电池自燃温度明显较低。此外,由

正极数据、负极数据、间隙和电解质组成的三元铁锂电池比磷酸铁锂电池具有更高的能量密度。能量密度更高的三元锂电池组,比如磷酸铁锂电池,会变得容易发生反应,因此在温度升高或其他情况下更容易自燃。

三元锂电池是采用镍钴锰酸锂(NCM)或镍钴铝酸锂(NCA)三元正极材料的锂电池,将镍盐、钴盐、锰盐作为 3 种不同的成分按比例进行不同的调整。新能源汽车动力电池提升正极、负极、电解液、隔膜的热稳定性有一定的技术瓶颈,特别是在满足当前新能源汽车高续航里程状态下,在三元锂电池高镍、低钴、无钴的比例下,电池镍含量高容量大,低钴无钴电池稳定性低,导致正极材料的热稳定性极差,当电池遇到高温、外力等冲击时,更容易引发热失控。如果三元锂电池长期放置,没有充放电的话,其自身的容量也会受到影响,这是因为三元材料属于人工合成的化学物质,其自身的化学键并不稳固,如果长时间放置,就会发生一定的化学反应,导致电池容量下降,从而引发自燃。

三元锂电池放电平台电压显著高于磷酸铁锂电池,从而使车辆具有较强的动力性,即大电流放电能力,并且放电平台的存在可延长放电时间。从能量密度上来看,三元锂电池更有优势;在快充性能上,磷酸铁锂电池更好。磷酸铁锂电池循环寿命优于三元锂电池,可保证电池使用周期,避免更换电池带来的高昂成本。从高低温的放电特性来看,三元锂电池在低温下的放电表现更为稳定,更适合在低温环境下工作,而磷酸铁铝电池的适用范围相对较窄,在诸如东北地区的低温条件下使用会发生故障。两种电池的荷电保持能力都较高,在长期静置后仍然能够保证较高的续航里程需求。

虽然三元锂电池比磷酸铁锂电池更容易自燃,但三元锂电池具有体积小、质量轻、充电快的特性。因此,三元锂离子电池在未来很长一段时间内仍将是主流动力锂电池。

③事故发生车辆状态。

A. 静止状态自燃。新能源汽车的静止状态主要意味着在车库或停车场,新能源汽车的高压电路断开,整个汽车完全放电。在这种情况下,电池老化或线路短路,新能源汽车很容易发生事故,这可能会导致新能源汽车长时间停电而发生火灾。此外,如果电池使用不当(例如,在闪光灯条件下电池温度异常),电池内的负物质会与电解质产生反应,温度升高,电极也会对电解质的热反应作出反应,加热速度大于电池的冷却速度,当热量失控时,温度上升到某个点,使用锂电池的手机可能会导致类似的热控制故障,使汽车的爆炸温度升高。如果发生火灾,新能源汽车内部的地板、座椅、聚氨酯恒温器等可燃装饰材料,会导致火灾蔓延,而汽车电池中的高温可能会导致爆炸。

B. 充电中自燃。一方面,当新能源汽车正常充电时,电池会缓慢释放氢气和氧气。氢的爆炸极限相对较低,如果它聚集在一个封闭的空间中,可能会在车辆碰撞中发生爆炸。另一方面,当采用大电流充电时,充电相关部件的导线将会持续加热。如果产品不符合相关标准,处理不当,电线可能会被熔化,相关电气部件将出现故障和闭合,导致火灾发生。

C. 碰撞后自燃。新能源汽车面临的火灾主要是新能源汽车在碰撞过程中着火导致的。在碰撞过程中,汽车会发生不可预测的情况,特别是新能源汽车。在碰撞过程中,电池受到严重冲击,可能发生挤缩、穿孔和其他损坏。此时,如果电池设计存在缺陷,在极端条件下可能发生燃烧。锂离子电池的负极材料在与空气接触时,因电池体损坏,极有可能发生强烈氧化或爆炸。

电路短路会产生大量热量,形成局部热区,温度难以控制,甚至在温度超过临界点时爆炸。尽管近年来新能源汽车相关技术有了显著的发展,但它们的电池产品的电池板较短,需要更全面的测试来提高电池的安全性。此外,应通过严格的规范防止劣质电池芯片进入电池模块,同时还需要进一步加强电池密封过程、电子设备和材料老化的控制。

D. 行驶中自燃。新能源汽车行驶中的自燃主要是指新能源汽车在正常运动过程中着火的事件。目前,正常运行时新能源汽车一般很少着火。如果着火,可能的主要因素如下所述。

a. 当汽车输出大功率时,电池的电流相对较大,导致电池释放大量的可燃气体,电池温度迅速升高,在通风不良的情况下快速积聚热量,从而引起火灾。此外,放电将使电缆和电子设备的温度快速升高,如果温度或产品不符合要求,新能源汽车就可能会着火。

b. 在正常行驶过程中,新能源汽车经常会停车、绕行,这些操作会导致电动机在不同交通模式下产生功率差,相应输出的电流就会产生较大变化,对产品的电磁兼容性要求会提高。如果不满足这些要求,基本电路将失去控制,增加自燃的可能性。

c. 当汽车在崎岖不平的道路上行驶时,电气、电缆、接头和电池产生的振动将增大,可能出现接触不良或效率低下,从而导致新能源汽车在行驶过程中起火。

5)温度对动力电池的影响

根据实际案例和统计数据,新能源汽车在高温季节更容易发生自燃。新能源汽车采用的高能量密度的锂电池内的电解液主要成分为碳酸酯,属于易燃物,其闪点低,沸点也低。在高温条件下,很容易被引燃,释放出大量气体和热量,同时三元材料会析出氧气,这就意味着即便将三元锂电池放置在一个完全隔绝氧气的真空环境中,一旦出现异常高温,电池引发自燃,电池内压便会急剧上升而引起爆炸,而且靠目前的技术手段(与氧气隔绝)很难将其扑灭,一旦起火后燃烧速度非常快。

低温状态时锂离子电池的正负极材料活性降低,电解液导电能力也受到影响。当锂离子电池工作时,电流流过电池内部会受到阻力,形成电池内阻。内阻增大会产生大量焦耳热引起电池温度升高。实验表明,环境在 0 ℃ 以下时,温度每下降 10 ℃,内阻约增大 15%,这会导致电池容量下降。另外,在低温环境下,电池内部的锂离子会析出成为金属态,一方面导致电池容量减少,另一方面析出的金属态锂会聚集镀在电芯负极表面形成锂枝晶,一旦枝晶刺破隔膜连接电池的正负极,就会导致短路产生危险,引发电池热失控。

6)新能源汽车自燃受人为因素的影响

人们普遍认为,新能源汽车自燃的主要原因是电池系统存在安全隐患。然而,经过调查分析发现,人为因素也在一定程度上影响着新能源汽车自燃事件的发生,人为因素主要包括以下几个方面。

(1)操作错误

在使用新能源汽车时,一些用户可能因对车辆了解不足或操作不当而导致自燃事故的发生。例如,用户不合理的充电方式、过度放电或忽视电池维护等。

(2)维修及改装问题

不规范的维修和改装也可能导致新能源汽车自燃。例如,非专业人士对电池或电控系统进行不当改装,或使用低质量零部件等。

7)改进设计及相关建议

(1)动力电池箱体改进

针对上述关于新能源汽车问题的探析可以发现,新能源汽车自燃问题的最根本原因是其动力电池的问题。为此,应针对电池箱体的结构和在车体布置位置方面提出对新能源汽车改进的建议。

电池箱体结构设计不仅需要考虑箱体结构需要满足机械强度,以使箱体具有一定抵抗碰撞与变形能力,用以应对各种安全事故,从而保护电池模组在各种事故中的安全性和可靠性,并且需要确保新能源汽车在正常行驶过程中,避免电池箱体内部模组与控制元件出现疲劳损伤影响元件正常运行,此外,电池箱体还需要满足密封性、防尘防火等设计要求。

A. 车辆碰撞要求。新能源汽车在进行碰撞相关试验时,电池箱体在碰撞试验过程中不仅需要满足保护电池模组以及重要供电系统,并且需要保护电池箱体中电子部件在试验中不出现损伤影响功能正常运行。

3. 防水及绝缘性能要求。电池箱体应具备防水能力,防止箱体内部进水导致供电系统出现短路而影响正常汽车行驶,甚至由于短路造成车辆起火以及出现车内人员受到漏电等事故对车内人员造成伤害,为此,电池箱体需要满足 IP67 标准防护要求。

a. 电池模组正负两极连接板与电池箱体之间需要预留适当安全距离,该距离最小值不得小于 10 mm,以有效保护正负极,以确保不发生击穿现象。

b. 电池箱体需要整体进行电泳处理,箱体内部同样需要通过喷涂绝缘漆或内置绝缘模块。

c. 电池箱体布置需要尽可能不影响底盘部件正常工作并尽可能选择布置靠近上面,箱体布置最低点应该在满足所有路况下,整车行驶过程中不会对箱体产生损伤。

C. 通风与散热性能要求。汽车在正常运行过程中,尤其以在高速公路上电池模组长时间工作为代表性的大负载驾驶情况下,电池模组会释放出大量热量。另外,在新能源汽车快速充电状态下,电池模组同样会因为高速运行而不可避免地释放出大量热量,为确保电池模组在各种大电流工作情况下的安全性和工作寿命,箱体需要拥有较好的散热能力。

a. 箱体内尽可能预留一定空间以确保电池模组相互之间可以保留合适间隙,确保电池可以快速有效释放热量。

b. 可以通过在电池箱体内部设置一些挡板,以正确引导箱体内部气流导向,从而快速有效地控制箱体内部散热,保证动力系统具有较高安全性。

c. 在应对突发情况时,需要明确电池模组与散热系统之间停止工作的顺序,必须满足散热系统需在电池模组停止工作一段时间后,方可切断散热系统运行,保证散热系统具有一定的延后时间。

D. 电池箱体布置方案。电池箱在新能源汽车中的安装位置以及模组布置在箱体中的位置都会对新能源汽车整体性能产生直接影响,目前比较常见的电池模组布置形式为分体式布置及整体式布置,不同布置形式对新能源汽车安全性能影响具有不同的侧重点。

分布式布置通常将电池模组分为两个子系统,这种模组布置形式可以有效避免侧面碰撞下电池模组在碰撞中受到的撞击,减少电池模组在侧面碰撞中的变形,以及提高电池模组安全系数,但这种布置形式不仅增加了电子线路的复杂性,而且在正面碰撞的情况下,增加了电池箱体系统电路出现短路的风险,从而导致安全事故的发生,如图 3.63 所示。

整体式布置电池箱体是指将所有模组全部集中为一个整体布置在一起,整体式布置形式能够有效增加电池模组数量,从而进一步提高新能源汽车续航里程,而且整体式布置能够缩短高压线路长度、减少碰撞中线路出现事故风险,但是需要说明的是,由于箱体采用整体式布置,在侧面碰撞中箱体对电池内部模组及电子元件的保护相对而言要逊色于分布式布置。

但是考虑到现在研究的电池箱体是运用在小型新能源汽车上,运行速度一般不快并且需要尽可能提升其续航里程增加竞争力,综合考虑,采用整体式布置更加符合小型新能源汽车设计要求,因此电池箱体中模组采用整体式布置模组设计形式,如图 3.64 所示。

图 3.63　电池模组分体式布置　　　　　图 3.64　电池模组整体式布置

合理布置电池箱体位置不仅能够有效改善新能源汽车运行中的载荷分布、提高整车运行稳定性,而且可以有效提高电池箱体安全性有效保护电池模组。考虑到该设计电池箱体是运用在小型新能源汽车中,采用整体式电池模组设计的电池箱体安装位置只能选择在前舱、后备箱、底盘等位置。

其中,电池箱体布置在前舱虽然有利于改善整车轴荷分布并且可以方便箱体维护,但是,在应对正面碰撞事故中,箱体可能受到直接碰撞冲击并会在碰撞中产生剧烈挤压变形导致模组及电子元件出现失效和短路,容易造成安全事故。箱体布置在后备箱虽然能够提高电池模组的安装数量从而增加新能源汽车续航里程,但是,此种安装方式会影响整车动力性能及载荷分布,而且在追尾事故中,整车难以有效保护电池箱体,导致电池箱体出现安全事故,从而对车内人员造成危害。电池箱体的布置在汽车底盘下方的位置不仅能够有效改善整车动力性能,还能有效降低整车重心从而提高新能源汽车平稳性。

除此之外,由于电池箱体通过安装支架固定在整车车架上面,因此在汽车运行过程中无论是出现正面碰撞、追尾、侧碰等安全事故,车架仍能有效保护电池箱体不会直接受到载荷冲击,因此整车车架能够有效保护电池箱体安全性。

综上所述,安装在底盘下方箱体设计更加符合性能及安全要求,因此改进设计采用上述箱体布置方式,如图 3.65 所示。

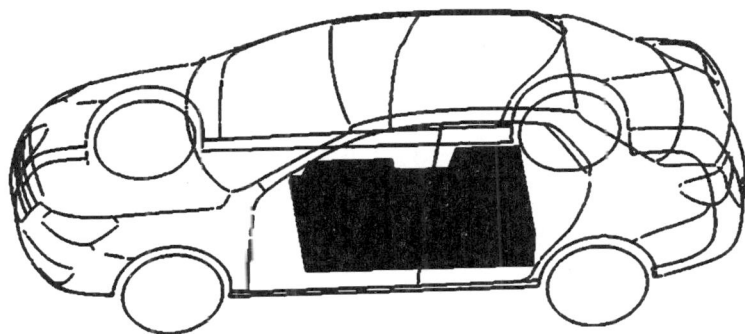

图 3.65　电池箱底盘布置形式

(2)建立大数据智能监控管理系统

以上介绍的是电池系统的设计优化方案,也可以说如果要提升电池系统的本质安全性,可以通过改进电池本身结构及放置位置设计方案实现。下面将介绍通过开展电池主动安全监测,即建立大数据智能监控管理系统,保障电池安全使用,降低新能源汽车自燃的概率。

为提升新能源汽车的安全性,近些年来,政府提出搭建新能源汽车大数据智能监控管理系统,越来越多的企业和科研机构都已开展了利用汽车的监控大数据进行电池故障诊断及车辆安全预警的研究工作。车辆监控管理数据平台通过无线传输方式,获取车辆 T-Box 采集的各类运行数据,包括整车状态数据、位置数据和报警数据等,见表 3.19。

表 3.19　常用的新能源汽车监测数据项

序号	数据项名称	监测数据格式及内容说明
整车状态数据	车辆状态	0x01 启动;0x02 熄火;0x03 其他
	充电状态	0x01 停车充电;0x02 行驶充电;0x03 未充电;0x04 充电完成
	运行模式	0x01 纯电;0x02 混动;0x03 燃油
	行驶速度	取值 0 ~ 2 200,对应 0 ~ 220 km/h
	累计里程	取值 0 ~ 9 999 999,对应 0 ~ 999 999.9 km
	总电压	取值 0 ~ 10 000,对应 0 ~ 1 000 V
	总电流	取值 0 ~ 20 000,对应 -1 000 ~ +1 000 A
	荷电状态	取值 0 ~ 100,对应 0% ~ 100%
	转换器状态	0x01 工作状态;0x02 断开状态
	绝缘电阻	取值 0 ~ 60 000,单位 kΩ
	……	……
位置数据	定位状态	b0 = 0 有效,b0 = 1 无效;b1 = 0 北纬,b1 = 1 南纬;b2 = 0 东经,b2 = 1 西经
	经度	以度为单位的经度值乘以 10^6
	纬度	以度为单位的纬度值乘以 10^6
	……	……
报警数据	报警等级	取值 0 ~ 3,表示故障报警等级值
	报警标志	表示具体的报警内容
	……	……

通过对以上数据的计算挖掘,结合动力电池化学原理分析及特征参数总结,得出既可直接利用电池特征参数的变化规律识别电池故障,实现故障问题的定位,也可利用机器学习算法,构建电池状态评估及故障预测模型,提前发现新能源汽车安全隐患并维修,提升新能源汽车使用安全性能的结论。

工业和信息化部为此提出构建新能源汽车安全运行监测体系的要求,即以新能源汽车企业监测平台、地方监测平台、国家监测平台实现对新能源汽车产品环节和运行过程的严格管控。其中,企业监测平台对出厂的新能源汽车产品及安全状态进行监测和管理,将营运新能源汽车相关安全状态信息上传至地方监测平台,并关联国家监测平台;地方监测平台实时接收来自新能源汽车生产企业转发的辖区营运新能源汽车行驶里程、充电量、"三电"故障等信息;国家监测平台负责对企业监测平台和地方监测平台的日常监督和运行核查,并按控制命令调阅新能源汽车的安全运行信息。

8）结语

由于我们对新能源汽车非常感兴趣,碰巧在老师介绍课程设计要求的前一天,在杭州发生了一起严重的新能源汽车自燃事故，因此我们决定研究这个选题，虽然跨了其他专业且专业领域较大，自身知识储量相对不足，但我们仍然认为新能源汽车的自燃问题是社会热点问题，亟待解决。

总的来说，新能源汽车作为一种节能环保的新事物，在其发展成熟过程中总会存在诸多风险与不足，因此对汽车安全问题的研究是必不可少的环节，它直接关系到人的生命安全，本篇报告总结了新能源汽车自燃的几种可能因素，围绕车身结构本体、外界环境因素、人的因素进行讨论，并分别对应地给出了改进措施，向着更安全、更高效、更经济、更环保的方向发展。当然自燃问题是新能源汽车在发展过程中难以避免的复杂系统工程问题，需要各方面的共同努力才能得到有效解决。相信在加强监管、提高技术水平、加强用户教育等方面全面改善的情况下，新能源汽车能真正成为绿色出行的代表车型。

3.2.5　校园洗漱台设计问题人机工程学研究

贵州大学矿业学院 安全工程系　吴宇庭　孟祥天

1）设计研究内容简介

在校园生活中，通过观察同学们在宿舍的生活起居，本小组发现宿舍洗漱台存在一些不合理的设计，不符合人机工程学原理，影响着同学们的生活效率。其中，存在的问题包括洗漱台的高度不合理、容纳体积不够大、水龙头的伸出长度设计不规范等方面，继而出现同学们接水不便、洗漱不便等人机交互问题。为此，本小组开展对洗漱台的设计的调查研究，对结果进行分析，并提出经济合理的解决方案或者优化方案。

2）研究背景及意义

（1）社会调查情况

本小组对所在楼层部分同学进行的调查情况如图3.66所示。

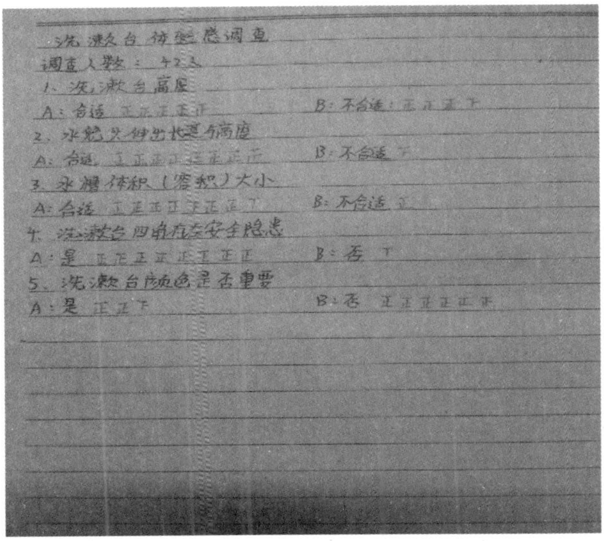
洗漱台满意度调查
调查人数：42人
1. 洗漱台高度
A：合适　B：不合适
2. 水龙头伸出长度与高度
A：合适　B：不合适
3. 水槽体积（容积）大小
A：合适　B：不合适
4. 洗漱台四角存在安全隐患
A：是　B：否
5. 洗漱台颜色是否重要
A：是　B：否

图3.66　调查情况

（2）现状分析

高校洗漱台和水龙头的设计尺寸一般来说是根据人体参数的平均值来设计的，但是在设计过程中往往会忽略一些问题。比如是否有足够空间将水桶和大号的水盆放入接水台？是否能满足同学们早上洗头的需求？又或者是否保证身高较高的同学在长时间使用洗漱台后身体不出现负荷过大和疲劳情况？同时还有安全隐患——洗漱台的4个角是尖角，存在潜在危险，也不符合安全人机工程学的理念。

（3）独特认识

每个学生一天学习生活的开始始于洗漱台，在洗漱台设计的过程中，不同的设计方案不仅会给学生带来不同的体验感，也会带动不同程度的资源消耗（经济消耗和材料消耗）。一个合理的设计方案会在很大程度上提高学生的体验感和作业效率，降低人体疲劳程度，减少负荷工作，同时也能向大众展示一些优化方案和优化思路。

3）研究方案

（1）设计研究的目标、内容和拟解决的关键问题

①研究目标。

本设计通过研究分析完成以下目标：

a.提升学生使用洗漱台的体验感。

b.提高洗漱台人机作业效率，减少疲劳度。

c.以较少的成本改进洗漱台设计，提高适用性。

②研究内容。

A.洗漱台使用情况调查。

在本小组所在楼层进行大致的洗漱台使用情况调查，提出多个方面的问题，并从学生处得到不同反馈。

B.分析洗漱台不合理设计所带来的影响。

a.学生在利用较大号的水盆和水桶接水时不方便，需要去洗澡间接水，耽误时间，效率低下。

b.对于有洗头需求的学生使用不方便，无法利用水龙头洗头，在洗澡间洗头时，水渍会溅到自己的衣服和裤子上，甚至衣服裤子被浸湿。

c.身高较高的学生长时间使用洗漱台会形成负荷，增加腰等部位的疲劳程度。

d.存在安全隐患，如果阳台地面湿滑，学生可能会撞到洗漱台的台角。

③测量宿舍洗漱台尺寸并与平均数据进行比对。对宿舍洗漱台进行实际测量，将其和参考数据进行对比分析。

④拟解决问题。根据现有的解决方法提出优化和改进措施，或者借鉴前者，提出更加可行的解决方案：

a. 改进水龙头距水池的高度。

b. 解决洗漱台台角的潜在安全问题。

c. 改进洗漱台高度。

（2）设计研究计划及进展

①准备阶段。准备所需实验工具，收集相关资料和已有的改进方案，查阅文献，认识、了解人机交互关系，并完成初步所需调查，制订分析方案。

②实施阶段。对宿舍洗漱台进行测量，测量 3 次取平均值，并查询市面在销产品相关尺寸，进行初步比对分析，见表 3.20。

表 3.20　洗漱台参数测量与数据比对

项目单位/cm	数据 1	数据 2	数据 3	平均值	市面参考尺寸（多数为家用）
洗漱台高度	77.5	77.6	77.4	77.5	85～90
双人洗漱台长度	180.7	180.5	180.5	180.6	120～150
双人洗漱台宽度	61.1	61.0	60.9	61.0	50
水池长轴	42.0	41.5	41.2	41.6	无
水池短轴	33.0	34.1	33.8	33.6	无
水龙头距水池最凹处高度	25.5	25.3	25.6	25.5	10-20
水龙头伸出长度	11.0	10.9	11.0	11.0	无

注：以上市面参考尺寸仅做参考分析。

数据基本分析：校园双人洗漱台的尺寸高度和市面上的有一定差距，但是宽度和长度都较市面上的有所增加，基本不会出现拥挤的情况，水龙头的高度也与市面上的相差不大，但是其高度和水池宽度深度并不适用于让学生用较大容量的水盆和水桶接水等，仅用于学生洗漱较为方便，所以优化和改进方案仍然需要被提出。

③总结阶段。根据研究分析结果，提出解决和优化方案思路：

a. 对水池内部结构和水龙头高度进行调整，调整深度和形状，使其能方便利用工具接水，也便于学生进行其他作业，并运用 CAD 制作设计简图。

b. 直接购买软管，将水流引出，方便快捷。

c. 在后续设计洗漱台时，考虑将双人洗漱台改造成一高一低，在教学楼公共卫生间可以适用身高差异大的男女学生，在宿舍也可以适用不同身高的男生，但是此方案耗费的精力和成本较前两种大。

4）项目的特色和创新点

（1）项目特色

运用已学知识和自身创新思想对生活中的人机交互问题进行处理，提高自身工作效率，减少负荷。

（2）创新点

基于现有情况，我们综合调查情况并结合自身体验，对传统洗漱台设计进行调整，使其得到最为合理的利用。本设计的主要理论即是依靠人机工程学，研究人与洗漱台的关系，对学生公寓洗漱间中的"人—机—环"3方面进行了深入分析，在原有环境限制的基础上提出了相应的改善和优化措施，使研究结果具有一定的现实意义。

5）研究基础

（1）已具备的条件

已具备实验对象：校园各处洗漱台以及各宿舍学生。

已具备实验器材：卷尺。

（2）尚缺少的条件

无法外出购买拟定解决方案中的材料进行实操。

（3）拟解决的途径

利用综合数据分析与比对，根据社会调查情况及自身体验感作出改进思路：

①外部解决途径：利用工具来解决洗漱台使用问题。

②内部解决途径：改进水池结构，从根本提高体验感。

6）设计实施情况

（1）洗漱台的测量过程

洗漱台的测量过程如图3.67所示。

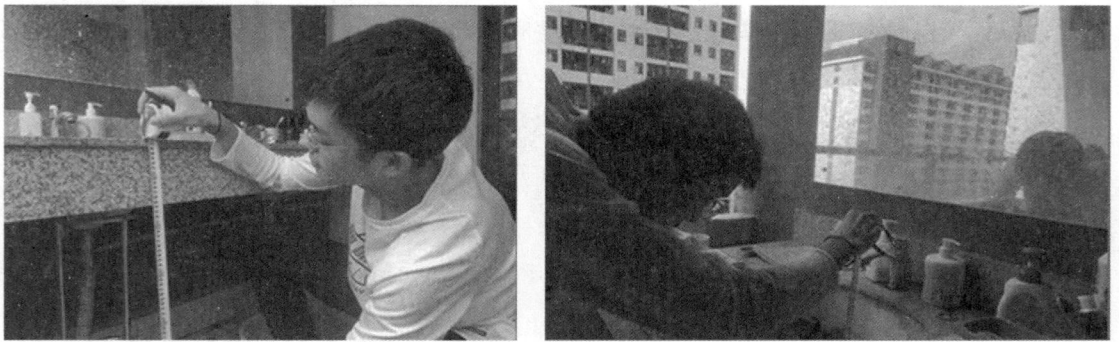

图3.67　测量过程

（2）社会调查结果分析图

社会调查结果分析图如图3.68所示。

（3）改进思路

根据社会调查情况和数据分析及小组成员改进思路，得出改进图如图3.67—图3.71所示。

①洗漱台最终设计成图如图3.69所示。

②水龙头接软管样式图如图3.70所示。

洗漱台体验感调查

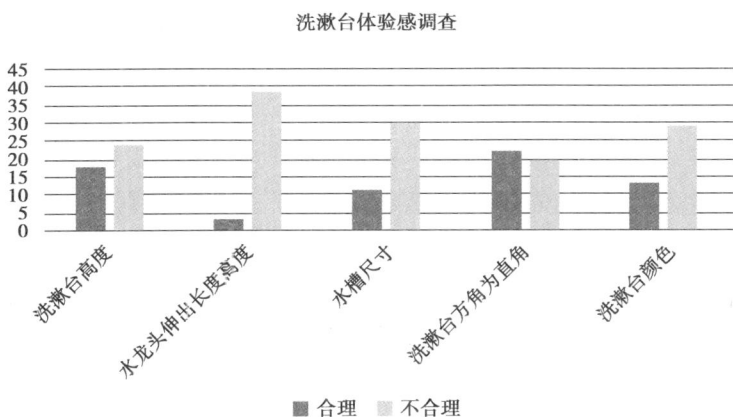

图 3.68　社会调查结果分析图

③双人洗漱台设计思路参考图(参考儿童与成人洗漱台)如图 3.71 所示。

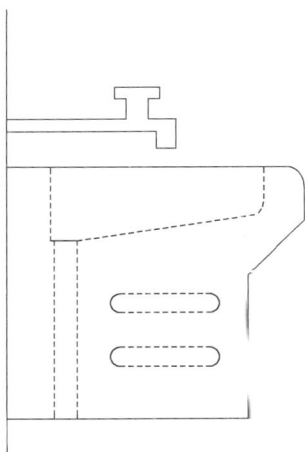

图 3.69　洗漱台最终设计成图　　　　图 3.70　水龙头接软管样式图

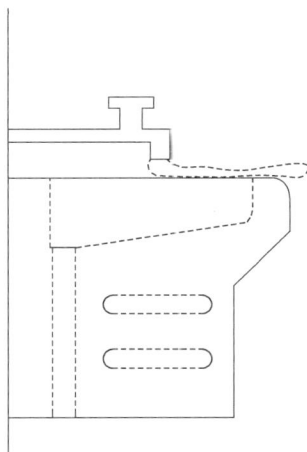

图 3.71　双人洗漱台设计思路参考图

7）收获与体会

通过本次自主设计,我对学习这件"人生大事"的内容和目标有了更加清晰的认识,为自己今后的学习确定了方向。同时,对于教育资源的开发也深有体会,具体如下所述。

知识不只源于教材,教材也不是唯一的课程。虽然教材一直以来都是学校教育的主要课程资源,以至于人们常常误以为它就是唯一的课程资源,一提到开发和利用课程资源,就想到要订购教材,或者编写教材,甚至引进国外教材。但是,从现代教育和时代发展的要求来看,教材不仅不是唯一的课程资源,而且其作用正呈现下降的趋势。所以,我们在认识上要打破教材作为唯一的课程资源的定式思维,遵循学生的心理发展特点,除精选对于学生终身学习必备的基础知识与技能,还应从学生的兴趣与经验出发,及时体现社会、经济、科技的发展,尝试以多样、有趣、富有探索性的素材展示教育内容,并且能够提出观察、实验、操作、调查、讨论的建议。人要勇于跳出教材课本,用自己的双眼从生活中发现有趣而富有深度的问题,并且尝试去解决它,这对于每个人来说,都是种对自身学习非常有帮助的一个方式。

3.2.6 两种坐姿对臀、腿部的影响人机工程学研究

贵州大学矿业学院 安全工程系 杨祈雨 陈宸 田之宇

1）设计研究内容简介

座椅在日常生活中的使用十分广泛,是人们生产生活中必不可少的物品。对于长期需要久坐办公的人来说,座椅的使用尤为重要。久坐会使人脑供血不足,导致脑供氧和营养物质减少,加重人体乏力、失眠,进而造成记忆力减退。久坐也会引发全身肌肉酸痛、脖子僵硬和头痛头晕等症状,加重人的腰椎疾病和颈椎疾病。若此时座椅设计不合理,将会更快加重人的疲劳感,大大损害身体的肌肉骨骼,增加身体负担,从而极大限度地降低人的工作效率。因此,运用人机工程学的原理可使座椅的设计更为合理,从而提高人体舒适度。

研究项目将通过测量两种坐姿(挺直坐姿、斜倚坐姿)下的体压分布和主观评价来讨论两种坐姿对臀部的影响。根据实验结果(即客观评价结果)分析两种坐姿与体压分布指标间的关系,主观评价结果取被试评价结果的均值,与五级量表的评价内容进行对比分析,以得出舒适合理的坐姿建议。

2）研究背景及意义

坐姿(Sitting Posture)的定义为:被测者挺胸坐在被调节到腓骨头高度的平面上,头部以眼耳平面定位,眼睛平视前方,左、右大腿大致平行,膝大致弯屈成直角,足平放在地面上,手轻放在大腿上。在日常工作生活中,人体有着各种各样的坐姿,而在其中,不良坐姿危害尤为严重。有研究表明,人在座位上时,保持不良坐姿时的腰椎间盘压力比保持正确坐姿时的腰椎间盘压力多出一倍多。除此之外,常年伏案工作的人,由于长期坐骨结节负重,会造成其坐骨部位疼痛以及下肢疼痛。长期保持不良坐姿,会加重颈部肌肉和韧带的负担,引起颈椎病。

对于上班族、公务员这类需要长期坐姿作业的群体而言,不良坐姿对身体的危害在一定程度上将会导致工作效率的降低。

因此,很多研究致力于提高座椅的舒适度,以达到维护身体健康和提高工作效率的目的。裴学胜等通过研究人们不同坐姿下的办公效率,得出办公桌椅的尺寸对人们的工作效率至关重要。杨震等通过研究座椅高度得出,当总压力和接触面积比较平均时,臀部总压力最低,人体舒适度最佳的结论。宋海燕等通过研究不同坐高的体压分布得到了日常办公椅最舒适的坐高为-2.14 cm(座面高度与膝腘高度的差值为-2.14 cm),可供座椅设计参考。

分析查阅到的相关文献,可知对于坐姿和人体舒适度的研究主要分为客观评价和主观评价。客观评价主要使用体压分布测量系统对人体坐姿时的臀部压力进行测量,从而得出不同坐姿,不同坐高与相关体压指标的关系,这些相关体压指标包括最大压力、平均压力、接触压力、最大压力梯度、平均压强等,将其数据以表格的形式呈现;主观评价主要以问卷调查的方法进行,再以相关性、特殊公式的方法处理数据,最后进行对比分析从而得出结论。

基于现有条件考虑,本文实验项目只做主观评价的问卷调查。采用语义微分法(SD 法)编制 5 级量表,选择 4 个实验对象(即挺直坐姿和斜倚坐姿),分别进行两种坐姿下时间为3 min 的坐姿保持,结束后立即填写主观评价表。最后处理分析数据,得出结论。

3)研究方案

(1)设计研究的目标、内容和拟解决的关键问题

①研究目标。本设计通过理论学习、实验研究、数据分析、得出结论等步骤,完成以下目标。

a.填写两种坐姿下的主观评级表。

b.分析两种坐姿对人体臀、腿部的舒适度影响。

c.提出舒适合理的坐姿建议,以及座椅设计建议。

②研究内容。

a.选择 4 名实验对象,其中两名男生、两名女生。平均年龄 20 岁,使用电子秤测量体重,使用卷尺测量身高。并记录数据。男生平均身高为 175.5 cm,平均体重为 56.5 kg;女生平均身高为 158 cm,平均体重为 53.5 kg。且 4 名实验对象均无肌肉骨骼疾病,近期也无剧烈运动。

b.实验地点:我校明俊楼某教室。

c.主观评价表格的设计。通过语义微分法编制 5 级量表,主观评级表见表 3.21。

表 3.21　主观评级表

实验对象	臀部	小腿部	大腿部	整体感受
甲				
乙				

续表

实验对象	臀部	小腿部	大腿部	整体感受
丙				
丁				

各项主观评价分为 5 个等级:很好,很舒服(2 分);还可以,不错(1 分);没感觉(0 分);有些不适感,可以坚持(-1 分);非常不适很焦躁,希望马上结束(-2 分)。

d. 4 名实验对象按落座指令坐在椅子上,使用手机计时软件进行计时,发出开始指令,实验对象保持挺直坐姿 3 min,发出结束指令,立即填写主观评价表。

e. 4 名实验对象适当放松休息一段时间,以准备斜倚坐姿的实验。

f. 4 名实验对象按落座指令坐在椅子上,使用手机计时软件进行计时,发出开始指令,实验对象保持斜倚坐姿 3 min,发出结束指令,立即填写主观评价表。

g. 数据的处理与分析:

• 收集整理挺直坐姿、斜倚坐姿下的主观评价表。

• 主观评分。

将主观评价表的结果进行主观评分:$C = 1 - \overline{N}/N_{\max}$($\overline{N}$ 为身体各部位主观评价的均值,$N_{\max}$ 为主观评价的最大值,C 值越大说明被试者的评价越高)。根据该公式计算出上述问卷获得的主观评价的总舒适度值,见表 3.22。

表 3.22　主观评价的总舒适度值

坐姿	臀部	小腿部	大腿部	整体感受
挺直				
斜倚				

h. 根据上述数据及相关理论得出实验结论。

③拟解决的关键问题:通过问卷调查的方法完成对两种坐姿舒适度的主观评价,以及对各部位舒适度的主观评价。从人的主观角度得出一些关于坐姿和座椅设计的舒适度的建议。

(2)设计研究计划

①文献查阅。查找有关文献,为期一周。

②方案设计。进行主观评价实验的设计、表格的设计,为期一周。

③实验研究。按照实验方案进行实验,为期 1d。

④数据处理,得出结论。按照实验方案进行数据处理,将数据整理成表格,分析并得出结论,为期一周。

⑤研究报告。总结以上步骤完成报告,为期 1 周。

4)项目的特色和创新点

本项目从两种坐姿对人体舒适度的影响入手,更为直观地显现出日常生活中人们的坐姿是否需要改变,什么样的坐姿更舒适,对人体的影响更小,更能减轻身体的负担。从主观评价的角度,研究两种坐姿对人体臀、腿部的影响,利用语义微分法(SD 法)设计问卷,利用 $C = 1 - \overline{N}/N_{max}$ 进行主观评分。

5)研究基础

(1)已具备的条件

①实验方案设计:在研究两种坐姿对臀部、腿部的影响时,查找相关文献可以发现,通过主观评价和客观评价相结合来衡量两种坐姿对臀部、腿部的影响是比较合适的。

②在主观评价方面,采用语义微分法 SD 法做出五级量表,分析主观评价结果与各部位的相关性。因此做了一个简单的主观评价实验并对实验结果进行分析。

(2)尚缺少的条件

①由于缺少体压分布测量设备,无法做出相关的客观评价。

②实验对象较少,可能存在影响主观评价实验的准确性;由于教室桌椅有一定的缺陷,实验场景的规格不够完善,会出现影响实验对象的主观评价的情况。

(3)拟解决的途径

①增加实验对象数目,增加样本数目,让主观评价结果更全面。

②完善实验场景,增加实验对象填写表单的准确性。

6)设计实施情况

为证实两种坐姿(挺直坐姿、斜倚坐姿)对人体舒适度有一定的影响,2022 年 10 月 1 日,本小组成员请了身高体重接近的男同学与女同学各两名(男生平均身高 175.5 cm,平均体重 56.5 kg,平均年龄 20 岁;女生平均身高 158 cm,平均体重 53.5 kg,平均年龄 20 岁,且无任何骨骼疾病,没有进行任何强烈的活动。身高测量均用卷尺测量,体重测量均用电子秤测量)。在我校明俊楼进行本实验,在选定教室后,对每位同学分别以挺立坐姿与斜倚坐姿进行为时 3 min 的测量。具体实验过程如下:4 名实验对象同时保持挺直坐姿 3 min,待实验结束后,让实验对象休息一段时间,再保持斜倚坐姿 3 min,如图 3.72 所示。在测量结束后,第一时间让参与测试的同学填写主观评价表,这样可使实验结果更为真实。

图 3.72 实验过程图

(1)实验结果

挺直坐姿结果见表 3.23。

表 3.23 挺直坐姿结果

试验对象	臀部	小腿部	大腿部	整体感受
甲	1	1	1	1
乙	2	1	1	1
丙	1	0	0	−1
丁	1	1	−1	1

斜倚坐姿结果见表 3.24。

表 3.24 斜倚坐姿结果

试验对象	臀部	小腿部	大腿部	整体感受
甲	1	−2	1	1
乙	−1	1	1	1
丙	−1	1	0	1
丁	−1	0	−1	1

两种坐姿下主观评价的总舒适度值见表 3.25。

表 3.25 两种坐姿下主观评价的总舒适度值

坐姿	臀部	小腿部	大腿部	整体感受
挺直	0.375	0.625	0.875	0.75
斜倚	1.25	1	0.875	0.5

（2）主观评价结果的结论

①臀部舒适度最低。在挺直坐姿中,臀部的主观评价总的舒适度,即 C 值为 0.375,人体舒适度最低,因此对于常采用挺直坐姿办公的人,座椅设计应考虑如何去提高人体臀部的舒适度。

②挺直坐姿整体感受较好。结合相关文献及上述表格,就人体主观评价和舒适度来说,短时间内挺直坐姿的整体感受会较好于斜倚坐姿。

7）收获与体会

我们了解了做设计的一些基础步骤,做一件事需要厘清逻辑顺序,以利于快速分清任务和提高效率。学会了团队合作的重要性以及信任的重要性。在为设计主题找寻理论依据以及研究方案的设计时,需辨别、筛选各式各样的文献里的关键信息,这是一项非常烦琐的工作。数据处理和分析是一个既重要又困难的工作,因此我们需要找到数据处理的依据。

在本次设计过程中,小组成员都积极地参与了讨论,团队协作水平得到了很大改善,在 PPT 制作的过程中,也让自己的学习能力有了很大的提升。为了让实验结果更加真实且具有实用性,我积极地配合小组成员组织实验对象并认真完成实验。

在本次实验中,我们收获了许多经验与教训,在其他组员的鞭策下,做事不再拖沓,对实验内容更是要做到精益求精。在实验过程中,对每次数据的测量要一丝不苟,对待实验的态度更是要认真,对实验报告的撰写也要反复推敲与斟酌。

3.2.7　我校 20 栋电梯的安全性调研

贵州大学矿业学院　安全工程系　吴艳红　冷凤娇　范厚娅

1）设计研究内容简介

随着高层建筑的不断增多,电梯数量也在逐渐增加,电梯性能在不断改进的同时,对维修人员的需求量也在增大,维修技术也在不断发展。电梯本身是一个密闭空间,极易给人心理上的压迫,电梯事故也一直被大众关注。据本设计组观察,20 栋宿舍楼电梯也发生了在满载时发出机器摩擦,电梯门在开关门时反应不够灵敏等问题。因此,在充分了解电梯行业发展所遇问题以及未来安全性检验的基础上,本设计研究将实地检测与安全专业知识相结合,对 20 栋宿舍楼电梯进行安全检测。

2）研究背景及意义

（1）社会调查情况

根据《市场监管总局关于 2021 年全国特种设备安全状况的通告》,2021 年,全国共发生特种设备事故和相关事故 110 起,死亡 99 人,与 2020 年相比,事故数量增加 3 起、增幅 2.80%,死亡人数减少 7 人、降幅 7.60%。万台特种设备死亡人数为 0.08%。全年未发生重特大事故,特种设备安全形势总体平稳。从事故率来看,近年来电梯事故率亦呈现下降趋势。每万台电梯设备年死亡率从 2002 年的 1.33% 降低到 2021 年的 0.11%。

（2）现状分析

我国电梯数量正进入高速发展阶段,过去的 10 年间,我国的电梯保有量快速增长,中国已成为世界上电梯保有量最大的国家之一。目前我国大部分国家标准的标龄为 4 年左右,而现行电梯行业标准中,平均标龄则高达 8 年,电梯行业的标龄已经远远高出了平均水平。随着近几年电梯技术水平的不断发展以及电梯"老龄化"情况逐渐严重,电梯行业标准的标龄较长,已成为当前影响电梯安全和能效标准完善的主要原因。同时,随着电梯数量猛增,对维修人员的需求更大,维修人员的维修技术需不断发展才能与电梯发展情况相平衡。

（3）独特认识

电梯需要定时维修和检查,事故现象多为:

①门系统事故。门系统事故发生率较高,这是电梯系统的结构特点造成的。电梯门工作频繁,老化速度快,久而久之,就会造成门锁机械或电气保护装置动作不可靠。若维修更换不及时,很容易发生事故。

②冲顶或蹲底事故。冲顶或蹲底事故一般是电梯的制动器故障所致,制动器是电梯十分重要的部件,如果制动器失效或带有隐患,那么电梯将处于失控状态,在无安全保障的情况下后果将不堪设想。要有效地防止冲顶或蹲底事故的发生,除加强标准的完善外,还必须加强制动器的检查、保养和维修。

③其他事故。其他事故主要由个别装置失效或不可靠所造成。

近年来,我国电梯万台事故起数和死亡人数持续下降,安全形势稳定向好。但随着电梯保有量的持续增长,老旧电梯逐年增多,电梯困人故障和安全事故时有发生,社会影响较大,如图 3.73 所示。

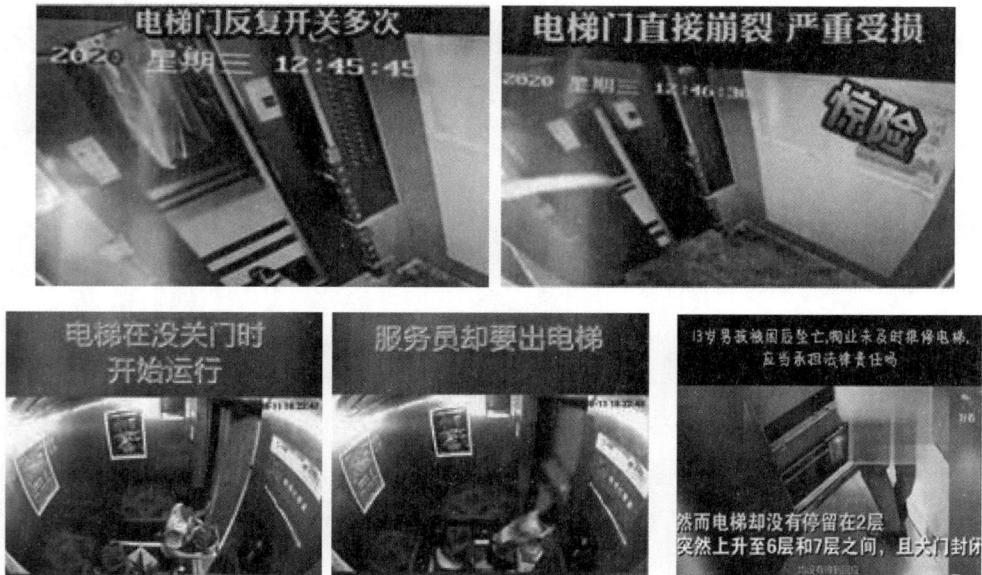

图 3.73　电梯事故图

3) 研究方案

(1) 设计研究的目标、内容和拟解决的关键问题

电梯作为建筑楼宇中不可或缺的关键运输设备,被广泛用于许多公共场所。随着人民生活水平的提高,乘客电梯的需求量逐渐呈显著上升趋势。首先作为能够连续大量地运送乘客的运输设备,对其安全性的要求是首要的也是必须要满足的,其次是设备的运行舒适性、可靠性和人性化。虽然现在乘客电梯的设计、制造和安装均有相应的行业标准,但是很少有人关注该标准的来历以及是否需要改进。设计研究目标为运用人机工程学的理论和方法,研究此"人—机—环境"系统,并使三者在安全的基础上达到最佳匹配,以确保系统高效、经济运行,并进行实地检测,对 20 栋乘客电梯提出改进。

内容:在乘客电梯的设计中,必须考虑适应或允许身体某些部分通过的空间尺寸(如入口、轿厢体积及危险部位的安全距离等),应以合适数值作为适用的人体尺寸。下面对乘客电梯从体积、扶手高度、自动门灵敏度等方面进行安全人机工程学分析,验证标准合理性,对不符合人机工程的设计进行改进,使其更安全、经济、高效地服务人们的生活。

拟解决的安全问题:

①开关门灵敏度太低。

②电梯扶手高度的设计。

③轿厢乘客承载量达到最大值后与危险部位的安全距离。

④电梯的运行顺滑度。

(2) 设计研究计划及进展

文献查阅:查阅有关电梯质量安全的文献资料,并做好搜集整理工作,了解当前 20 栋电梯的质量安全及维修管理情况。

社会调查:对电梯进行调查研究,调查乘客对于现下电梯质量安全的看法。了解电梯事故率及多发事故类型。

方案设计及实验研究:实地调研。测量无人时电梯运行至最高层的时间及运行至中间楼层的时间;电梯高度、宽度及长度以便直接算出电梯体积,根据电梯体积算出电梯载荷达到峰值时在满足准载人数后的乘客人数;测量无人时,停留至每一层的时间,以优化电梯的调度方案,缩短电梯平均往返运行时间,从而达到提高电梯运行效率的目的;测量电梯扶手高度,根据《中国成年人人体尺寸》(GB/T 10000—2023)中立姿人体尺寸的肘高测量数据,判断扶手是否符合人机工程的设计要求。测量无人时电梯开关门时间及按加速键开关门时间,判断电梯是否能够尽量防止乘客被门扇碰触。

数据处理:分析第一阶段的材料和数据,对比已知数据,判断电梯是否符合人机工程设计。

研制开发:基于数据处理,对不符合人机工程设计的部分进行改进。

研究报告:结合理论知识与调研结果,提出适合当前形势并能解决乘客需求的电梯改进意见,完成研究报告。

4)项目的特色和创新点

团队成员在该项目中,使用多种道具如筷子、本子、瓶子、仿真人体手部及足部,对电梯红外光幕的灵敏度进行测试。红外光幕利用光电感应原理工作,通常由具有发射和接收功能的红外传感器组成。在电梯红外光幕中,红外发射和接收管一般有 30 对以上,分别位于电梯轿门两侧。

红外传感器发出的光束能在 20 ~ 1 806 mm 的高度范围内形成密集交错的保护网。当没有障碍物进入空间时,所有发出的光束都能正常到达接收管。因此,电梯的控制部分不会收到侵入物的检测信号。一旦物体挡住其中的任何一条光线,就会导致红外接收器对应的异常输出,从而被电路检测到,控制电梯重新打开轿门。直到乘客或障碍物离开警戒区,才能正常关闭电梯门,以避免造成安全事故。

团队成员发现 20 栋宿舍的电梯均存在红外灵敏度不够的现象。随着电梯门的闭合,红外发射强度会逐级降低(每级降低至刚好被接收器收到),到门全部关闭时为最低。在相距较近的位置,红外强度过大,微小物体无法阻挡(实验中除人体手部及足部外,所使用的道具皆无法阻挡),就会发生虽有阻挡,但电梯门仍旧关闭的现象。

目前国内外电梯企业都有各自的电梯远程监控系统,一些系统既可以远程监控电梯故障,也可以获得电梯困人信息;但有些系统是通过人观察监视器来监测的,可能会产生物业值班人员离岗时不能接听到电梯报警电话的情况出现,以致他们不能第一时间获得乘客被困消息。我组提出将报警装置的警铃与管理人员手机 SOS 相连接,当电梯连续被按警铃 3 次以上,就向负责该工作的人员(最少两名)手机发出警报,工作人员以最快的速度前去排查是否发生人员被困情况。

5)研究基础

(1)已具备条件

①调查上的便利。作为在 20 栋宿舍住宿的学生,此次设计以 20 栋宿舍电梯为例,便于调查的开展与推进。

②足够的资料可供参考。我校图书馆图书、报刊、电子读物等藏量丰富,为查阅关于电梯人机工程学等方面的相关资料、文献提供了便利。

③经前期的资料查阅和大量调研,目前的电梯大多数符合人机工程学的设计,电梯的数量与乘客流量较为符合。

(2)尚缺少条件

①20 栋宿舍的人流量大,对于测量电梯无人时的实验十分不便。

②20 栋宿舍的电梯已使用多年,使用方便性不如全新电梯(如电梯按钮灵敏度),有些数

据可能会出现偏差。

③本团队成员均为全日制本科生,学习时间难免会被挤占。

(3)拟解决的途径

①根据 20 栋宿舍的人流量调查,选择在晚上 10 点之后进行实验,能够有效减少未知情人员的打扰,完成"无人时"这一条件下的实验。

②多次进行实验,取平均值以减小数据偏差。

③合理安排时间,想尽一切办法"挤"时间,合理高效率地利用休息日,确保研究的精力及投入时间。

6)设计实施情况

(1)根据《电梯安全要求第 2 部分:满足电梯基本安全要求的安全参数》(GB/T 24803.2—2013)确定所测数据,通过查找文献确定研究方向,初步制订项目实施的大体思路,确定被测电梯的灵敏度、运行时间、运行速度。

(2)正式测量数据,先集中测量电梯的物理性质,测定电梯门开关时间及速度、灵敏度、噪声等,后将组员分为两组,一组静止在底层,一组可移动到其他楼层。测量电梯直达底层、中层和高层的时间及速度,检测是否有延缓以及电梯运行的平滑度。

(3)集中处理数据,进行讨论,得出结论。

①《市场监管总局关于 2021 年全国特种设备安全状况的通告》显示,电梯使用问题包括安全技术档案不完善,未配备持证电梯安全管理人员等。电梯维保调查显示,安全隐患因素中维保问题占 60%,加强维保是避免电梯失灵的有效手段。可通过教育培训等措施推动电梯安全管理发展。公众主体应积极参与监督举报,共同维护电梯安全治理格局。当电梯出现问题时,即使是只有一点不对的地方也应该立即报备,等待维修,保证安全第一。

②当前,我国电梯安全管理存在许多问题,电梯安全事故频发造成了不良的社会影响。电梯安全性能管理受到多方面因素影响,主要包括电梯运行环境、设备前期监督监测,使月年限等。《特种设备安全监察条例》要求,电梯至少每 15 d 就必须进行清洁检查,如图 3.74 所示。本实验研究的电梯平均每 15 d 进行一次检查,以保证电梯运行良好。

③本实验研究的电梯使用者以女性为主。因此以面积为依据,此电梯的承载人数为 15 人;以承重为依据,女性的平均体重为 55 kg,电梯承载人数最多为 19 人,而实验电梯的额定承载人数为 14 人,符合安全规定。

④电梯中的扶手可起到保证安全的作用(图 3.75),且给人以舒适感,同时当电梯冲顶或蹲底时,可减少人的失重感。此电梯中扶手长为 130 cm,高为 90 cm,圆杆既可以给轮椅使用者助力,也可给人扶持,在角落也不会伤害到他人。此高度设计合适,据观察,扶手处于大部分人的腰侧时,可以减轻人脚部和腰部的负担,使手,脚,身体形成 3 点支撑,从而稳固重心。若过高,对于轮椅使用者较为吃力;若过低,则不利于站稳。

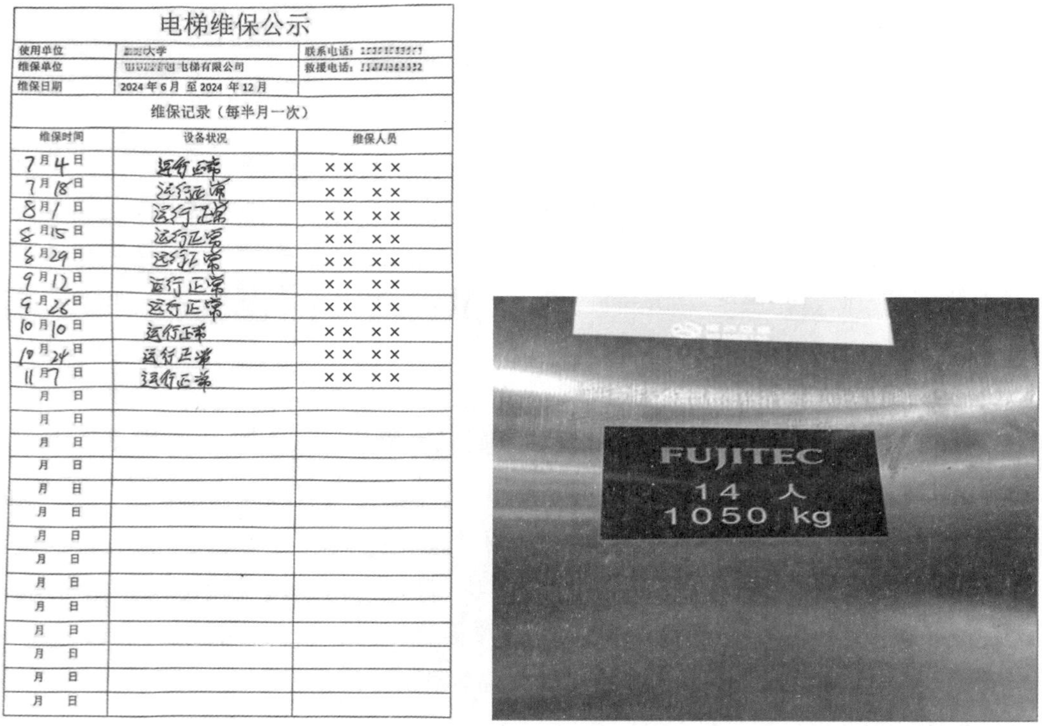

图 3.74　电梯检查

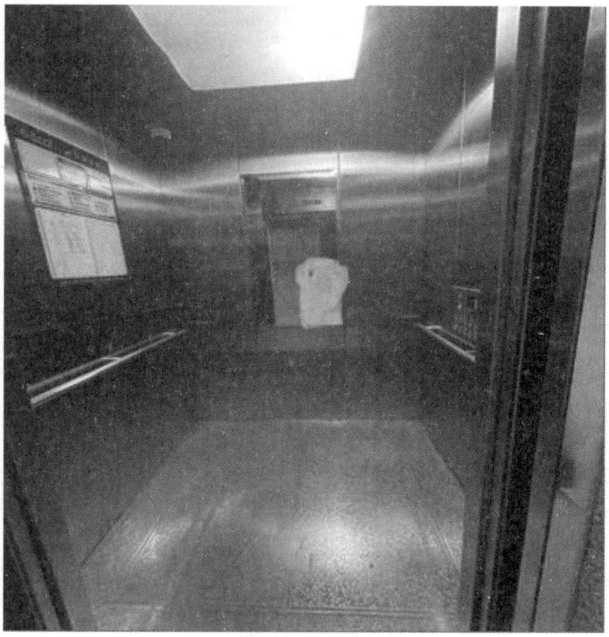

图 3.75　电梯扶手

⑤电梯本身是一个方正的密闭空间,多为金属的颜色,给人沉重压抑感,只有一面为了增加空间感的镜子,因此我组建议,在电梯里多一些点缀,如张贴"逃生小技巧"宣传画等,明亮

度高的颜色会使人产生轻松、自在舒畅的感觉,且暖色有膨胀性作用,可使人从心理上感到安全。

⑥报警装置与信号。根据测试,我组在电梯里仍可以通过 5G 网络拨打视频电话或刷视频,但不能使用 Wi-Fi 信号。急救电话在电梯左侧,有利于求助者求助。然而报警装置与电梯按钮位于一处,所以时常会有人不小心碰到,容易给人们造成"狼来了"的心理。因此我组认为,报警装置应与电梯按钮分开,设置在一个不易被人碰到的地方。当电梯真正出现问题时便于救援。

⑦电梯系统内部包含了大量的零部件,因此必须要做好全面的检测工作,有效保证电梯各个部件的正常工作,从而保障电梯运行的安全性。电梯检测工作人员在实际工作过程中,必须要对每一个电梯部件质量和运行效果进行全面检查,由于所涉及的零部件比较复杂,其中重点包含了门锁、运行缓冲器、限速设备以及安全控制器设备等,各部件在电梯运行工作中所发挥出的作用各有不同。相关工作人员需充分了解电梯系统内部的部件构成情况,同时对每一个部件的具体作用加以了解,对不同的电梯部件采取针对性的检测工作,保证电梯设备的整体工作安全性。

⑧相关单位必须要不断强化电梯设备质量的监督和管理的力度,要严格筛选技术条件更加成熟的电梯设备,保证电梯使用的安全性。在电梯的安装工作中,相关工作人员必须要对电梯的系统构成,以及工作性能有着全面的了解,要严格控制施工安装工作质量。在电梯施工现场进行安全检测工作,相关检测工作人员需要充分考虑电梯设备运行工作的综合指标,有效判断电梯设备是否可以保证长期稳定的运行和工作。对电梯材料设备合格证明进行检验,避免一些质量不合格的电梯设备被直接运用,检验表见表 3.26。

表 3.26 检验表

电梯测量	
无人时,电梯运行至低层的时间/s	5.48
无人时,电梯运行至中层的时间/s	19.85
无人时,电梯运行至高层的时间/s	33.45
无人时,来回低层往返 5 次后运行电梯时间/s	6.25
无人时,来回中层往返 5 次后运行电梯时间/s	21.47
无人时,来回高层往返 5 次后运行电梯时间/s	36.78
电梯高/m	2.36
层高/m	3.6
总高/m	50.40
中层高/m	25.20
低层高/m	14.40

续表

电梯测量	
轿厢面积/m²	2.40
单人站立面积/m²	0.16
扶手高度/m	0.9
扶手长度/m	1.2
额定承重/kg	1 050
额定承载人数/人	14

⑨根据测试，电梯在多次往返后，会出现一定的延迟，运行速度会变慢，上升至高层时有噪声产生。但根据检测结果，电梯均在额定速度范围内运行。据资料所知及本组人员观察，噪声为地中频动，通过固体传递。而电梯乘客均为"低头族"，对此现象不关心，对发出的噪声并无不满。

⑩灵敏度。据调查，电梯层门出现夹人的现象，一般有以下几种情形：

a. 电梯层门关闭速度过快。

b. 层门安全触板、红外光幕、超声波监控装置损坏或被人为偷盗。

c. 乘客在进入轿厢时用手、脚、身体或棍棒、小推车等阻止关门动作，造成层门系统人为损坏。

正常情况，当有人站到门中间时，电梯的光线传感器只要检测到人，便会开门，然而当电梯的光幕坏了，便检测不到中间有人，使出现夹人事故。

据调查，本测试电梯开关门时间均在 4 s 左右，当按了加速键后，开关门时间为 2 s 左右。若有人急速冲进电梯，非常容易被夹。基于此，本组人员做了一个小实验，分别用纸、一次性筷子、书本、塑料瓶、手，以及脚模拟在电梯快要关门时伸进去，观察电梯是否能检测到并做出相应反应。用小东西时电梯反应速度很慢，只有当物体快要被夹住时，电梯才会发出警报声，在电梯内则需要按下开门键才能将门打开；位于电梯外时，则需立马按开门键或将其抽出。而模拟书本、塑料瓶、脚、手时需将其位置置于电梯门的中间位置，若离得较远，电梯反应速度很慢，会给人造成恐慌感，更容易对人造成伤害。

7）收获与体会

对于此次研究，我们收获颇丰，并画上了一个完美的句号。在此次研究中，我们学到了很多平时学不到的知识，更深层次地提高了自己的专业知识水平，充分调动了学习的积极性，为能够更好地学习和工作打下了坚实的基础。

首先，行是知之始，知是行之成。纸上得来终觉浅，绝知此事要躬行。实践出真知，唯有将知识带入生活的人才能看清世界的本质。在此次研究实验中，我体会到知识与实践永远是相辅相成的,在实践的同时,我们也需查阅大量资料,获得基础理论的相关知识,只有将实验数据与基础理论结合,才能找出需要改进的地方。此次研究是一个让我们把书本上的理论知识运用在实践中的好机会。

其次,是团队合作。团队打造的是我们的共性,只有在共性的基础上才能彰显个性。在团队中,每个人都有自己的长处,也有自己的短板,我们只有不断发挥和提升自己的长处,做到主动、积极的协作,才可使后面的研究工作进展得十分顺利。

最后,在后期的实验数据处理、结果分析阶段。如何将具体的实验数据进行整理、分析,从中提炼出对设计研究有用的数据,是对我们分析、研究能力的考验。通过这次的实验研究,我们在创新能力、动手能力、组织能力以及专业知识等方面都有了不同程度的提升,这些提升为我们以后更好地学习和工作积累了一定的基础。

3.2.8　消防疏散标志空间角度对应急逃生影响研究

贵州大学矿业学院　安全工程系　牛慧婷　苟铭义　张吉友　吴嘉骏

【摘要】

为了更充分发挥嵌入式消防疏散标志在火灾发生时的指示作用,进一步提高应急疏散效率,可通过 PsyLab 心理实验系统及 Pathfinder 人员疏散能力模拟软件,探究嵌入式消防疏散标志空间角度和凸出距离对人员应急疏散的影响。结果表明:嵌入式消防疏散标志空间角度为 5° 时可促进人员择向,降低择向反应时间;凸出距离<75 mm,对应急疏散效率几乎无影响;凸出距离≥75 mm,会对应急疏散效率产生消极影响。

【关键词】

消防疏散标志;嵌入式;空间角度;凸出距离;疏散效率

【正文】

火灾一直是安全领域学者研究的热点问题之一。应急管理部消防救援局公布的数据显示,2021 年全国消防救援队伍共接报火灾 74.8 万起,火灾起数、伤人、损失较 2020 年分别上升 9.7%、24.1% 和 28.4%。而嵌入式消防疏散标志作为基础消防设施中的重要组成部分,普遍应用于公共场所和住宅建筑等高密度人群地点。《建筑设计防火规范(2018 版)》(GB 50016—2014)更是明确规定:公共建筑、建筑高度大于 54 m 的住宅建筑、高层厂房(库房)等地点应设置灯光疏散指示标志。由此可知,嵌入式消防疏散标志的重要程度可见一斑。目前,嵌入式消防疏散标志平行于墙面安装,逃生人员在贴近墙面或距标志较远时,其空间信息指示能力具有一定的局限性。因此,如何充分发挥嵌入式消防疏散标志指示作用,提高应急疏散效率,亟待解决。

国内外学者从不同视角对消防疏散标志进行了研究。董文辉等通过引入基于音频信息的声音导向技术,克服了疏散指示标志仅依赖视觉信息的局限性。孔云科等则运用 Zigbee 技术,使疏散指示标志能准确、及时地发挥作用。温芳等研究了长余辉材料的发光机理和应用形态,为消防疏散标志荧光材料的制作提供了新思路。宋英华等建立了视野受限情况下行人疏散元胞自动机模型,发现了盲目运动区有指示标志时行人的疏散效率要高于墙壁可见区有指示标志的情况。马明明等借助虚拟眼动实验分析了实验区指向型应急疏散标识布局的不合理之处,并创建了一套新的指向型应急疏散标识布局优化方法和流程。马晓辉等的虚拟眼动感知实验则表明了眼动注视点大多在安全门而非安全出口标识上,安全出口标识的视觉吸引力有待提升。廖慧敏等的研究表明,在疏散过程中,增设标识能使各疏散出口的疏散时间相对持平,避免了常规疏散中通道过早闲置的现象。吴超等基于人的认知生理反应规律,提出了增设局部疏散标志的建议。刘盛鹏针对复杂建筑空间内疏散通道的特点,设计了一款具有良好指示效果的通道交叉口诱导标志。张凌菲等在分析疏散标识布局与历史街区疏散效率相互关系后,对支路内部和拥堵区周边疏散标识进行了针对性优化。万展志等梳理了不同位置应急疏散标识可视性作用与其可视性量化研究现状,提出了应急疏散标志布局的研究展望。Kubota 等对疏散标志的交互角度进行了研究,结果表明其能影响撤离者所选择的方向。范芮雯等从空间角度入手,对消防安全疏散标志空间方向信息传递效能进行了研究,结果表明适当空间角度可增强消防安全疏散标志空间方向信息传递效能,并设计了一种空间立体嵌入式消防疏散标志。上述研究虽从各个方面对消防疏散标志进行了探究与优化,在一定程度上增加了消防疏散标志方向信息指示效果,但目前国内外对于嵌入式消防疏散标志空间角度的研究仍较少。

本设计通过嵌入式消防疏散标志空间角度模拟实验,分析不同空间角度嵌入式消防疏散标志对人员择向反应时间的影响,并运用 Pathfinder 人员疏散能力模拟软件进行数值模拟,进一步分析嵌入式消防疏散标志因空间角度变换所致凸出距离对应急疏散的影响,以期对现有嵌入式消防疏散标志进行优化设计,充分发挥其在应急疏散中的指示作用。

1) 实验平台

本次实验基于 PsyLab 心理实验系统,通过 C#进行编程,开发适用于本实验的反应时间计时系统,以实时记录测试者看到刺激图片后的选择反应时间。实验地点为一间安静的教室,利用所设计的实验平台呈现实验刺激。显示器屏幕大小为 22 寸,分辨率为 1 920 像素×1 080 像素,实验时测试者位置固定,与屏幕距离约 600 mm。反应时间计时软件界面如图 3.76 所示,操作流程如图 3.77 所示。

考虑到嵌入式消防疏散标志呈一定角度时凸出墙面,为了避免凸起较大影响疏散,仅选择 0°、3°、5°、10° 4 个角度进行实验,空间角度示意图如图 3.78 所示。

图 3.76　反应时间计时软件界面示意图

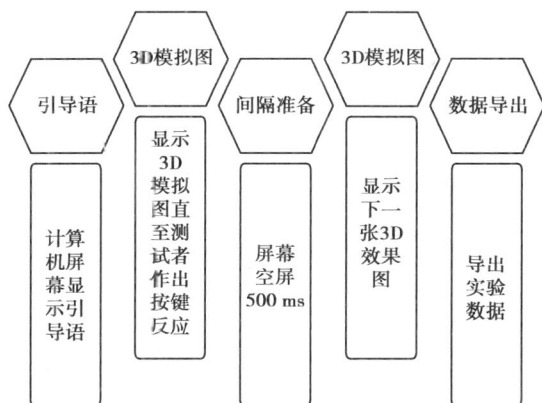

图 3.77　反应时间计时软件操作流程示意图

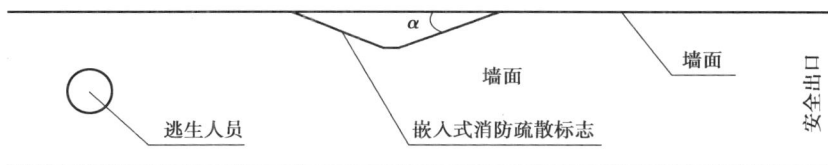

图 3.78　嵌入式消防疏散标志空间角度示意图

3D 模拟图场景选取测试者相对熟悉的某高校综合办公楼。为使实验更贴近实际,依据《消防安全标志　第 1 部分:标志》(GB 13495.1—2015)、《消防安全标志设置要求》(GB 15630—1995)等相关规定和要求,最终将 3D 模拟图中嵌入式消防疏散标志尺寸选定为和实际尺寸基本相同的 359 mm×149 mm×23 mm,其上边缘与地面的高度保持在 1 m 范围内。此外依据《中国成年人人体尺寸》(GB/T 10000—2023)将测试者的眼高确定为 1 500 mm,距嵌入式消防疏散标志 2 000 mm。待所有条件确定后,利用 3DMax 软件进行 3D 模拟图绘制,共 4

张(0°、3°、5°、10°),如图3.79所示。

2) **实验步骤**

本次实验共招募58名测试人员,均为中国籍学生,年龄主要集中在18~23岁,测试人员被要求完成反应时间计时软件测试及相关的调查问卷,具体实验步骤如下:

①研究人员引导测试人员到指定位置坐下,并对其讲解本次实验的内容、流程和操作步骤,在确保测试人员清楚后,对测试人员示意可以开始实验。

②测试人员打开反应时间计时软件后,想象自己正处于火灾疏散场景中,阅读计算机屏幕出现的指导语并双击空白处,随后计算机屏幕开始交叉呈现不同空间角度的3D模拟图,测试人员需根据所看到的嵌入式消防疏散标志第一时间选择要逃生的方向,同时快速按下相应的按键。

③测试完毕后,该测试人员应立即填写调查问卷,通过"完全不自信""不确定""自信""非常自信"4个选项来描述自己在模拟场景中的择向自信程度。

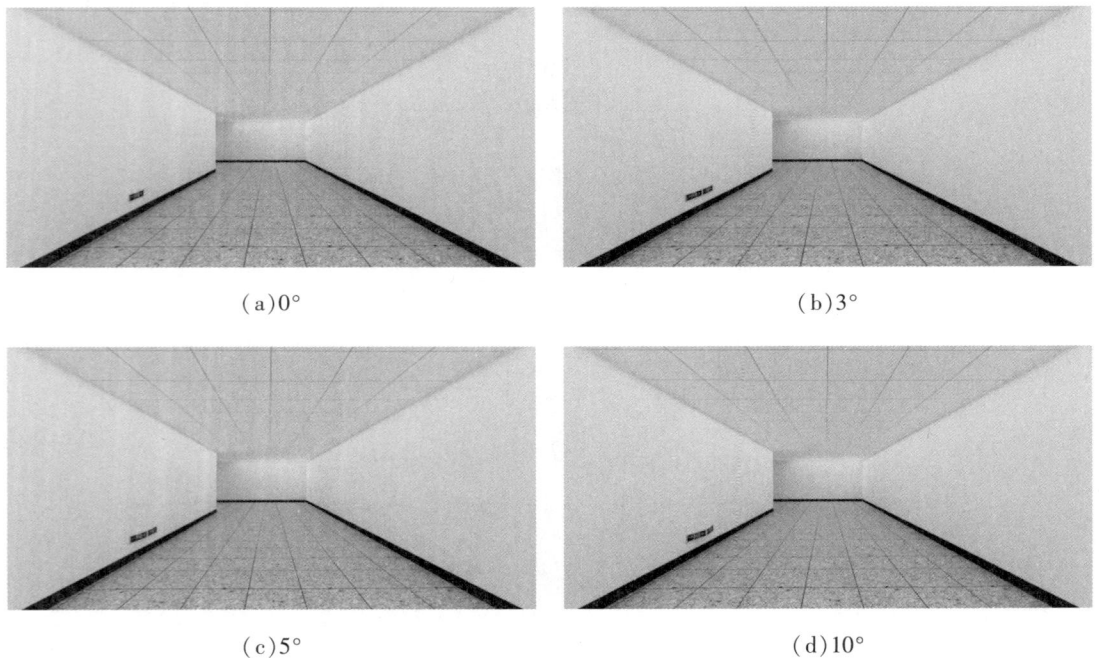

(a)0°   (b)3°

(c)5°   (d)10°

图3.79 嵌入式消防疏散标志场景3D模拟图

④实验结束,由研究人员进行数据导出,并将测试人员带至休息室休息。

具体人员实验场景如图3.80所示。

3) **前期数据处理**

为探究嵌入式消防疏散标志空间角度与反应时间之间是否存在相关性,首先对所测角度的反应时间数据进行正态性检验,检验结果见表3.27。

由表3.27可知,4种不同空间角度下人员的反应时间数据正态显著性均小于0.05,表明实验所记录的数据不服从正态分布。目前,统计学中常用相关系数为 Pearson 和 Spearman。由于反应时间数据不符合正态分布,因此在对嵌入式消防疏散标志空间角度和反应时间进行双变量相关分析时,选用 Spearman 相关系数,具体分析结果见表 3.28。

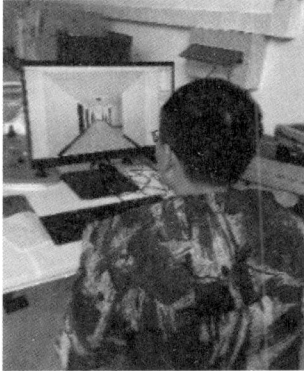

图 3.80　测试人员实验场景图

表 3.27　反应时间数据正态性检验结果

	Kolmogorov–Smirnov[a]	Shapiro–Wilk
	显著性	显著性
0°		
3°	0.0020.0000.000	0.0000.0000.000
5°	0.000	0.000
10°		

a:里利氏显著性修正。

表 3.28　空间角度与反应时间相关性分析结具

		0°	3°	5°	10°
0°、3°、5°、10°	Spearman 相关系数	1			
	Spearman 相关系数	0.478**	1		
	Spearman 相关系数	0.334*	0.478**	1	
	Spearman 相关系数	0.353**	0.258	0.462**	1

注: **.在 0.01 级别(双尾),相关性显著。*.在 0.05 级别(双尾),相关性显著。

由表 3.28 可知,嵌入式消防疏散标志实验数据在 0.01 和 0.05 两个级别上呈显著相关,整体上两者之间存在一定正相关关系,这表明改变嵌入式消防疏散标志空间角度会影响人员逃生反应时间,从而影响整个应急疏散过程。

4)应急疏散影响分析

为进一步探究嵌入式消防疏散标志空间角度对应急疏散的影响,对测试人员的择向反应时间数据进行分析,具体实验结果如图 3.81 所示。

为更直观地分析空间角度对人员择向反应时间的影响,对测试人员的择向反应时间数据按从小到大的顺序进行排列。在图 3.81 中,在缓慢上升段中,0°和 3°曲线彼此贴合得较紧密,表明两者反应时间整体相差不大;而 10°曲线整体向上,偏离 0°曲线,表明当嵌入式消防疏散标志空间角度为 10°时,人员择向反应发生了一定程度迟滞;5°曲线较 0°曲线整体向下偏离,表明当嵌入式消防疏散标志空间角度为 5°时,对人员择向反应有一定促进作用。在快速上升段中,以 10°曲线上升最快且上升幅度最大;3°曲线则与其相反,在 4 条曲线中上升最缓且幅度最小。综合曲线图的两个阶段分析,3°曲线和 5°曲线相对 0°曲线都在一定程度上降低了人员择向反应时间,而 10° 曲线相较 0° 曲线择向反应时间有所增加,这对人员的整体疏散来说极为不易。为进一步分析 3° 曲线和 5° 曲线对人员择向反应时间的有益影响,统计 58 名受试者的择向反应平均时间,具体如图 3.82 所示。

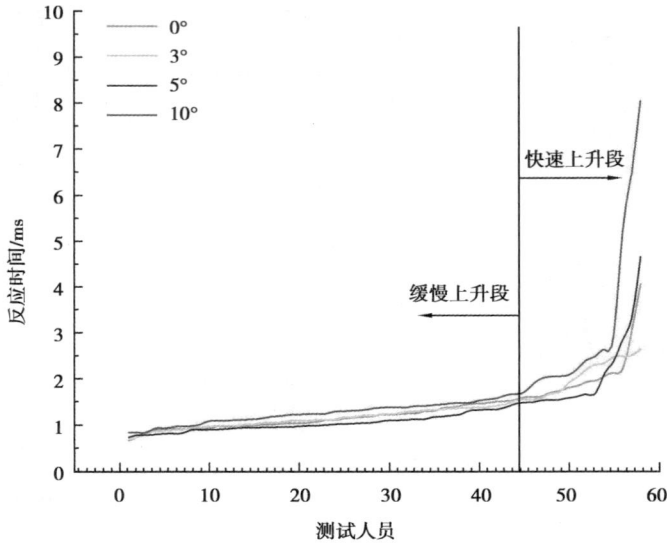

图 3.81　空间角度对人员择向反应时间影响

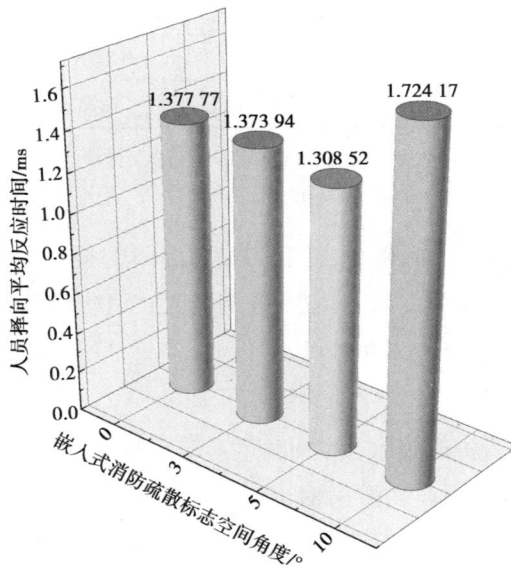

图 3.82　不同空间角度下的人均择向反应时间

　　由图 3.82 可知,当空间角度为 5° 时,人员平均择向反应时间最短,约为 1.31 ms,较 0° 降低了 0.06 ms。即在同等实验条件下,将嵌入式消防疏散标志空间角度调整为 5° 可有效提高人员择向反应效率。当空间角度为 3° 时,虽确实较 0° 的平均择向反应时间短,但两者仅相差约 0.003 ms,可忽略不计。综上所述,嵌入式消防疏散标志空间角度为 5° 时,能有效提高火灾应急疏散效率。

5)模型构建

为进一步探究嵌入式消防疏散标志因空间角度所致凸出距离对应急疏散的影响,等对上述综合办公楼进行实地测量,并运用 Pathfinder 进行场地模型构建,如图 3.83 所示。

图 3.83　Pathfinder 场地模型图

该模型共 5 层楼,166 个房间,6 个安全出口,其中 5 个出口位于一层,1 个出口位于二层(该出口虽位于二层但和外界相连道),楼层总面积为 3 733.5 m²。同时走廊、过道、楼梯等处含若干裁剪矩形,即本次模拟实验的核心——嵌入式消防疏散标志[图 3.84(a)],通过改变裁剪矩形厚度 H 模拟不同空间角度下嵌入式消防疏散标志凸出距离。实际上嵌入式消防疏散标志呈三棱柱形[图 3.84(b)],其与墙面的夹角为 α,长为 L,则该嵌入式消防疏散标志空间凸出距离为 $H=L\times\sin\alpha$。

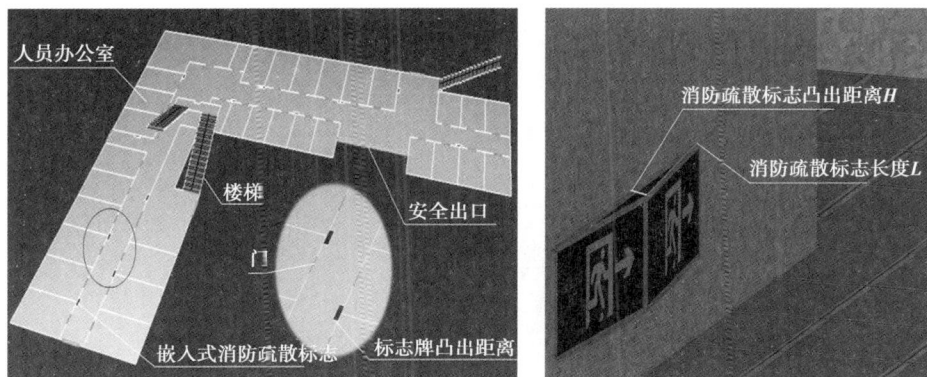

(a)模型简化图　　　　(b)嵌入式消防疏散标志实际构想图

图 3.84　嵌入式消防疏散标志模型简化及实际构想图

6)相关参数选取

该综合办公楼实际可容纳约 500 人,因此在模拟实验中将人数定为 500 人,其中男、女性各占一半。人员模型相关参数选取和设定依据《中国成年人人体尺寸》(GB/T 10000—2023)和李利敏等人对在校大学生肩宽的研究结果,男性身高和肩宽设置为 1.69 m、46.5 cm;女性身高和肩宽设置为 1.58 m、43.2 cm。此外,由于男性和女性体质不同,男性疏散速度往往要比女性快,参照谢玮等人的研究结果:"在正常能见度条件下,人员的平均疏散速度为(2.37±0.23)m/s。"选取中间数值2.37 m/s作为模型中男性疏散速度,选取最低值2.14 m/s作为模型中女性疏散速度,以期模拟实验接近真实状态。同时,为使模拟场景更加真实,初次实验时,将500人随机分布在模型各个地方并固定该人员位置,以确保后续模拟实验变量一致。嵌入式消防疏散标志尺寸为335 mm×145 mm,则其长度L确定,空间凸出距离H(即模型中裁剪矩形的厚度)可依据空间角度计算。嵌入式消防疏散标志空间角度选取以0°、3°、5°、7° 4个角度为基础,逐步递增10°,以50°为上限。Pathfinder软件支持SFPF和Steering两种人员运动模式,本实验选择更加智能与真实的Steering模式进行,实验模拟疏散场景如图3.85所示。

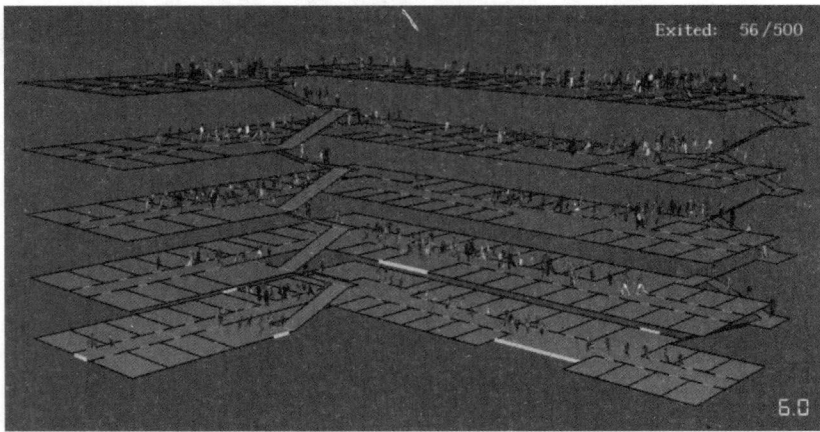

图3.85 实验模拟疏散场景图

7)前期数据分析

嵌入式消防疏散标志模拟实验结果如图3.86所示。

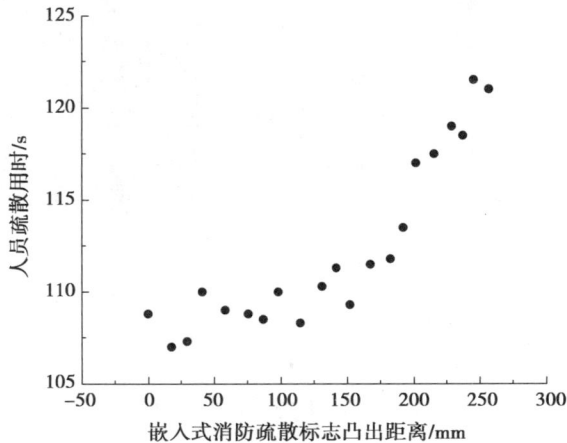

图3.86 嵌入式消防疏散标志模拟实验结果

由图3.86可知,凸出距离和人员疏散用时之间存在正相关关系,即随凸出距离不断增大，人员疏散用时越长。为探讨两者间的相关程度，对实验数据进行 Pearson 检验，具体结果见表 3.29。

由表 3.29 可知，两者在 0.01 级别上相关性显著，且两者的 Pearson 相关系数为 0.887，呈现明显的正相关关系。即随着嵌入式消防疏散标志空间凸出距离的增大，人员所需应急疏散时间也相应增加，嵌入式消防疏散标志消极作用越显著。

表 3.29　凸出距离与人员疏散用时相关性分析

项目	凸出距离	疏散用时
Pearson 相关性	1	0.887*
Pearson 相关性	0.887*	1

*. 在 0.01 级别（双尾），相关性显著。单位：凸出距离/mm；疏散用时/s

8）结论

①嵌入式消防疏散标志空间角度会影响人员择向反应时间。空间角度为 3°时，对人员的择向反应基本无影响；空间角度为 5°时，对人员的择向反应起积极影响；空间角度为 10°时，对人员的择向反应起消极影响。

②嵌入式消防疏散标志凸出距离与人员疏散用时呈显著正相关。凸出距离在 75 mm 以内时，对应急疏散无显著影响，超过这一范围后，对应急疏散有消极影响。

3.3　创意方案选编

3.3.1　盘式蚊香分离器的创意设计

贵州大学矿业学院　安全工程系　何文武

【摘要】

随着夏日的到来，蚊虫活动尤为频繁，为了驱赶蚊虫，很多人选择使用蚊香，在目前我国家用卫生杀虫剂中，主要有盘式蚊香、电热蚊香片、电热蚊香液和气雾剂等，市场上蚊香品牌也较多，但还是有很大一部分人较为喜欢使用盘式蚊香，因为其价格便宜、驱蚊效果好。但使用过的人都知道，在将蚊香分开时，因其质脆，想完整地将其分离，不仅费时费力还极易弄断，这给盘式蚊香的使用带来了很大的不便，尤其对于部分人来说，不能将蚊香完整地分离，是一件让人十分难受的事情。因此，需要通过一定的技术手段来解决这个问题。

【关键词】

盘式蚊香;分离装置;工艺品

【正文】

1)盘式蚊香相关资料

盘式蚊香为圆盘形的螺旋状香条,工艺流程为把木粉、炭粉、黏结剂、燃料等原料经筛分、混合物搅拌、加水均匀湿拌、捏合、冲压、烘烤、冲模成型、烘干后制成香坯,其有效成分的载体主要是由碳粉、木屑等制成,其质脆易断裂。一般家庭用盘香直径为 12 ~ 15 cm,合格蚊香外包装表面光泽度好,无粗糙感,蚊香条形较粗,横截面积较大。《家用卫生杀虫用品 蚊香》(GB/T 18416-2017)中规定,蚊香产品应完整、色泽均匀、无霉斑、无断裂、变形和缺损。其单圈的抗折力应≥1.5 N,其平整度应满足:用两块长 150 mm、宽 150 mm 的透明平板玻璃组合成平行间距为 8 mm 的卡板,使蚊香能在卡板中间自然通过。图 3.87 所示为盘式蚊香图片。

(a)单圈蚊香　　　　　　　　　　(b)一盘蚊香

图 3.87　盘式蚊香

2)盘式蚊香分离器的设计

(1)盘式蚊香分离器的各部件及作用

本方案设计的盘式蚊香分离器的结构分为上下两个部分,另附有一大一小两个网筒及一把毛刷。

①底座。盘式蚊香分离器的下部为底座,图 3.88 所示为底座俯视图,其底座外壁直径160 mm,内壁直径 154 mm,圆形沟槽内径 150 mm,大卡槽宽 20 mm,小卡槽宽 15 mm,底座平台上的凸起为一盘蚊香中一个单圈所对应的螺旋状纹理,其中心在底座平台中心。如图 3.89底座剖面图所示,底座底厚 3 mm,底座平台距离底面 18 mm,螺旋状突起高 8 mm,底座高50 mm。底座在分离装置中起支撑作用,其与上部构件相互作用将一盘蚊香分为两个单圈,也可作为盛装香灰的底盘。在底座上有两个卡槽,其形状如图 3.90 所示,卡槽的作用为将底座

平台的螺旋状突起纹理与上部构件的螺旋状纹理对齐,使其纹理相耦合,即一盘蚊香的两个单圈螺旋状纹理相耦合。

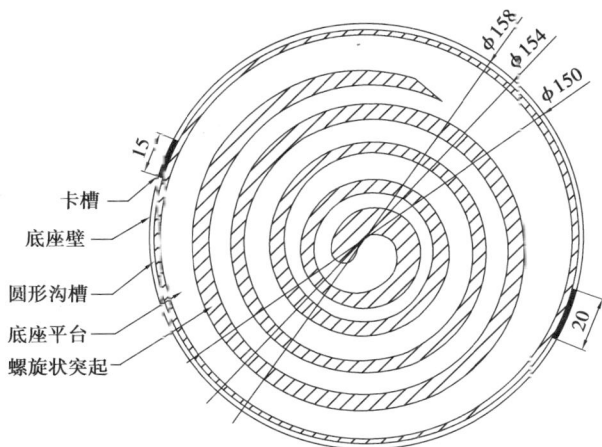

图 3.88　底座俯视图(为方便辨识,本图将圆形沟槽、螺旋状凸起及卡槽涂为阴影)

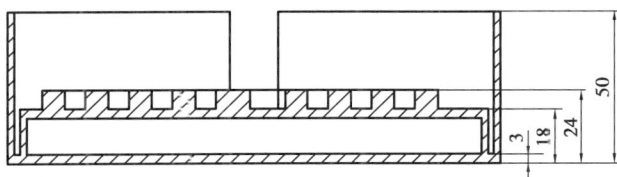

图 3.89　底面剖面图

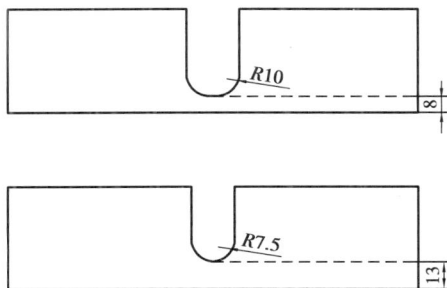

图 3.90　卡槽形状图

②上部构件。上部构件如图 3.91 所示,其外壁直径 153 mm,内壁直径 151 mm,其上两卡柱皆为空心圆柱,大卡柱外径 19 mm,内径 17 mm,小卡柱外径 14 mm,内径 12 mm。大卡柱下端距下平面 5 mm,小卡柱下端距下平面 10 mm,两卡柱均长 10 mm,上平面距下平面 30 mm,上平面厚 3 mm,螺旋状突起高 6 mm,齿高 2 mm,长 3 mm,厚 0.5 mm(齿的长、厚未在图中标出)上部构件的螺旋状突起上有齿,其作用为卡住蚊香并在上部构件与底座相互作用,在蚊香分离时切断两圈蚊香之间的连接。同时,可将分离装置上部构件的手柄设计为各种形状,这样当该装置在生活中闲置时可将其作为一个工艺品或摆件使用。在图 3.92 中,其上部构件的顶端设计成了一个猪头的形状。

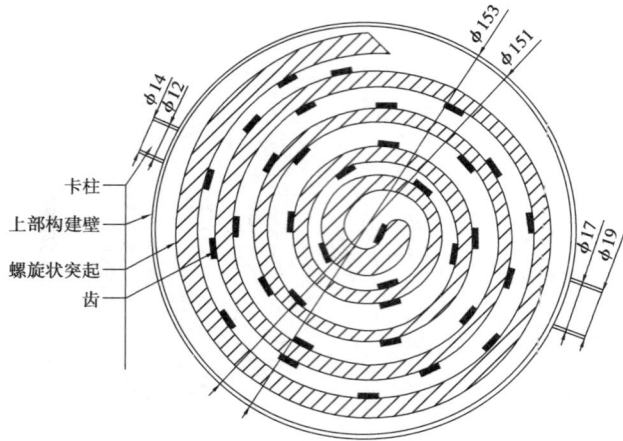

图 3.91　上部构件仰视图

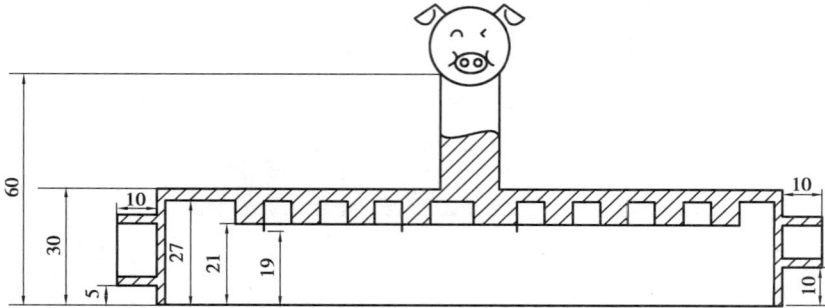

图 3.92　上部构件半剖图

③网筒。该装置有一大一小两个网筒,小网筒高 60 mm,直径 151 mm,大网筒高 75 mm,直径 153 mm。如图 3.93、图 3.94 所示分别为小网筒的主视图与俯视图。在分离装置中,网筒的作用为承载点燃的蚊香且将蚊香笼罩在网筒中使其与周围物品隔开,避免点燃的蚊香与可燃物接触发生火灾。

图 3.93　小网筒主视图

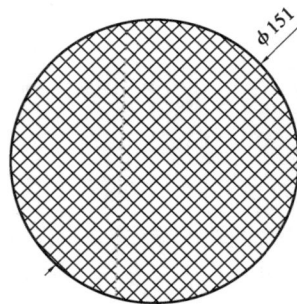

图 3.94　小网筒俯视图

④毛刷。毛刷的作用为清理网筒及底座中的香灰。

（2）盘式蚊香分离器的工作机理

该分离装置的工作机理为底座和上部构件中相互耦合的与蚊香螺旋状纹理相同的螺旋状突起相互作用,使一盘蚊香中的两圈蚊香受到相反的力,并在齿的切断作用下将两圈蚊香相互分离。同时,在分离过程中单圈蚊香为整体受力,其在分离时受力均匀不易造成香体断裂。

（3）盘式蚊香分离器的使用方法

①将该分离器的上部构件提起,并将需分离的蚊香通过齿的作用卡在上部构件的螺旋状凸起上,然后使卡柱对准卡槽,将上部构件放入底座中,并施加一定的力使蚊香分离。

②将分离的蚊香取出,点燃蚊香。

③将上部构件从底座中取出,且将小网筒倒扣在底座的沟槽中,将点燃的蚊香放在倒扣的小网筒底网上,而后将大网筒同样倒扣在底座的沟槽中,使其将点燃的蚊香与小网筒笼罩在其中。然后将整个装置放在合适的位置,让蚊香开始工作。

④当蚊香燃尽后,用毛刷将香灰清理干净。

3）小结

在盘式蚊香分离器中,分离装置的制作材料可选用各种阻燃材料,且可设计不同形状的手柄,以期将其作为工艺品或摆件使用。同时在制作该装置时,应做圆角处理,避免毛边等刮伤皮肤。在美好的夏日,希望我们每天晚上都睡得安安稳稳,没有蚊虫的烦扰。

3.3.2　基于安全人机工程学的保温杯创新设计

贵州大学矿业学院 安全工程系　张恒　赵小豪　敖学吕

1）设计研究内容简介

随着时代发展,人们的生活水平逐步提高,对于日常生活必需品的品质和功能的追求也在不断提升。消费者希望每种产品都具有多样性的功能以提高其使用效率。将以上的分析与安全人机理论结合应用,本设计提出了在该理论下的可调温保温杯产品创新设计思路。现在市场上大部分的保温杯都只能盛装热水或者常温饮用水中的一种,也有一些保温杯能够盛装一定的热水以达到恒温的使用需求,但是其产品大多为使用了较为昂贵的材料或者是在杯体中加入了电子智能设备以达到使用需求。这些给产品使用带来了不便。基于此,我们探究设计了一种可调节温度的新型保温杯,以提高保温杯的使用效率。首先按照 HAZOP 方法理论流程对保温杯进行问题分析和问题解决,再进行相应的设计方案构思。探索分析设计过程的最优解,以达到保温杯可调节温度的效果,并且提高保温杯的稳定性和抗倒伏性,为其他同类产品的开发设计提供参考。

2）研究背景及意义

（1）研究意义

2020 年我国工业增加值已达到 31. 31 万亿元,已连续 11 年成为世界上最大的制造业国家。当下企业要做的就是提升自主创新能力,掌握关键核心技术,但目前企业更多是只顾生产不顾设计,而设计往往对于成本的降低有着重要影响。产品设计是自主创新的灵魂。控制好产品设计阶段,可以大幅度降低生产成本,产品设计阶段的成本只占整个产品成本的 7%,却决定着产品成本的 70% ~ 80%。保温杯是我国制造业的典型产品,我国也是保温杯生产大国,保温杯具有健康保温、美观时尚、安全便捷等一系列优点,是人们饮水、送礼的重要产品,当下,保温杯制造产业得到了快速发展,成了热销的商品之一,这离不开人们对健康的重视。但是多数的保温杯企业仍处于模仿阶段,缺乏核心技术,对于创新设计的意识不够。根据中国保温杯行业数据统计,保温杯总销售额在 2019 年全年达到了 43.48 亿元。

（2）现状分析

通过前期产品市场调研,设计组对现有的各类可调温保温杯的产品性能和优缺点做出了具体分析。本次研究选取了目前市场上销售较好的几款可调温保温杯进行各项指标比较,主要是针对现有可调温保温杯产品的不足和存在的急需解决的问题进行研究,以实现新产品的创新改良和优化。本次市场调研主要发现有两种调温方式的保温杯产品,第一种是依靠保温杯体内新型材料发生冷热交换反应以达到调控温度的目的;第二种是依靠放电过程中形成的电能和杯中水做热量交换以达到调温的目的。

市场上现有功能相似的保温杯包括富光 55 ℃ 保温杯、极爱 55 ℃ 保温杯等,这些保温杯产品基本功能和洛可可公司的保温杯产品基本原理相同,都是利用保温杯隔层的相变材料迅速吸热进行降温,材料吸热之后放热进行保温的原理制成。第二种类型的可调温保温杯就是自带加热功能部件或依靠配套加热部件调节温度的产品,杯内用普通电阻丝加热杯中的水或者用配备的底座所产生电磁波来加热水温。通过调研分析总结,得出现有同种功能产品各有优缺点,可调温保温杯的竞争优势主要体现在加热功能和维持温度的方式上。使用电辅助加热类别的保温杯需要使用电源,受使用环境的限制。其中,55 ℃ 保温杯创新性地运用了新材料将水温调节至 55 ℃ 这一最适合人体饮用的温度,深受消费者的青睐,但同时其较贵的售价也使此产品的缺点一目了然。基于本研究前期调研发现的问题,以 HAZOP 方法找到解决途径。

3）研究方案

（1）设计研究的目标、内容和拟解决的关键问题

①研究目标。本设计通过对保温杯改进方法与散热方式的研究,探究如何利用保温杯散热与调节保温物品温度,提出解决方案及创新措施,在保证保温杯可调节温度的效果的同时利用保温杯散热功能,提高人的舒适度。

②研究内容。探究设计一种可调节温度并利用保温杯散热暖手、抗倒伏的新型保温杯,以提高保温杯的使用效率和人的舒适度,达到人机最合适的匹配度。

③研究方法。首先按照 HAZOP 方法理论流程对保温杯进行问题分析和解决,再进行相

应的设计方案构思。探索分析设计过程的最优解,以达到保温杯可调节温度的效果。

④拟解决的关键问题

a. 使用 HAZOP 方法对保温杯进行分析。

b. 如何利用保温杯散发热能。

c. 新型保温杯如何抗倒伏。

d. 模型的设计与优化。

(2)设计研究计划及进展

充分利用课余时间推进项目进度,项目研究计划预期如下:

2021 年 9—10 月完成调查数据与分析,设计出模型。

2021 年 11—12 月完成模型并制作出产品,进行产品的分析并改进。

2021 年 12—2022 年 1 月,撰写研究报告。

4)项目的特色和创新点

(1)项目特色

首先按照 HAZOP 方法理论流程对保温杯进行问题分析和问题解决,再进行相应的设计方案构思。探索分析设计过程的最优解,以达到保温杯可调节温度的效果,以及提高保温杯的稳定性抗倒伏,以期为其他同类产品的开发设计提供借鉴。

(2)创新点

采用了安全系统工程学中的 HAZOP 分析方法,对保温杯的设计提出问题;划分单元,明确功能;定义关键词表;分析原因及后果;制定对策。同时思考如何利用保温杯散热,对新型保温杯如何抗倒伏的模型进行设计与优化。

5)研究基础

①已有的文献和实验研究成果。

②有一定的安全人机理论、安全系统理论基础。

③老师的专业指导和帮助。

④市场上基数巨大的不同种类的保温杯。

6)设计实施情况

初步解决方案:

①套娃形式。将保温杯分为内外瓶,外瓶主要起传统保温作用;内瓶主要材料是食品级塑料,中间有隔热套,拿在手中时,可防止手被烫伤。

②内外瓶盖子,做成内外嵌合的形式。在外盖上设计一个可上下活动的长形按钮,当按下按钮时,嵌合结构相互咬合,这样就可一次性打开内外瓶盖,按钮侧边斜纹可增大摩擦,帮助按钮上行打开。此设计便可只开外盖拿出内瓶。

③保温杯底部有小吸盘,可防止保温杯倒伏。

④保温杯内外瓶底部具有凹凸结构,可防止内瓶抖动及外瓶碰撞。保温杯设计图如图 3.95 所示。

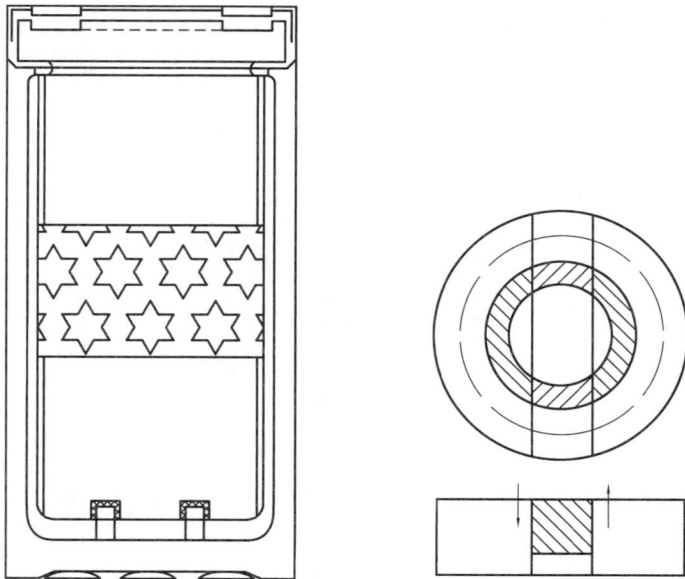

图 3.95　保温杯设计图

7)收获与体会

车尔尼雪夫斯基曾提出:"美是生活。"耿家盛说过:"一个技能不能吃一辈子,在时代面前很多东西不发展,就会被时代淘汰,必须不断挑战自己。"《礼记·大学》中说道:"苟日新,日日新,又日新"。这些名言告诉我们,我们应该用自己勤劳的双手,去创造、去装饰我们的生活。古之人尚知创造,今天的我们又怎么能抛弃创造? 只有不断提升才不会被时代淘汰。

从 1829 年的蒸汽机车,到 1909 年的燃油汽车,从公元前 100 年中国人发明的造纸术,到 1450 年的金属活字印刷机,科技创新在大踏步地向前迈进。科学技术在不断地发展,人们的观念在不停地更新,科技成果取得跨越式进步。这些都离不开创新,没有创新,就没有进步。

本次设计运用所学知识,让我更深入地明白了安全人机工程学与系统学的范围广泛,其基本原理是研究人的心理、生理等,就是实用科学——将技术科学直接应用于实际操作之中,这也是人体工程的本源之处。以人为本,人是最根本最直接的研究服务对象,所以一切都必须从人的自身中去获得,只有综合这些信息才能做出判断。

本次设计,我们小组分工明确,提出来自己的想法后相互借鉴、讨论,这使我们的模型越来越好。此刻,我明白了团队的重要性。做设计并不仅仅是几个小时的头脑风暴,我们在开展设计前应该做好预估,该设计应解决什么问题,需要什么样的功能,得到什么样的结论,而在完成模型后,我们应该通过相关的问卷调查、数据来改进我们的模型。这些问题准备得越充分,设计就会越顺利,得到的模型就越好。前期的知识储备、文献储备、材料准备、方法准备能使我们充满信心。

在解决问题时,我更深刻地感受到世界上从不缺少问题,只是我们缺少了发现问题的眼睛。其实我们身边的每一件物品或多或少地都与人机工程学有关,每件物品都应该是按照使人体最舒适的范围来设计。我们衣食住行,甚至我们日常喝水的保温杯,都应该按照达到人机最合适匹配度来设计,以保障人体的舒适和健康。但是我们有时却忽略了这些问题,这就是我们应该思考的地方了。"失之毫厘,谬之千里。千里之堤,溃于蚁穴。"也许正是我们不注意的这一点人机问题,却是创新灵感的来源。创新是一切事物发展的本质,学习需要创新,科研更需要创新,所以我们要培养自己的创新能力。第一,我们对所学习或研究的事物要有好奇心;第二,我们对所学习或研究的事物要持有怀疑态度,不要认为被验证过的都是真理;第三,我们对所学习或研究的事物要有追求创新的欲望;第四,我们对所学习或研究的事物要有求异的观念;第五,我们对所学习或研究的事物要有冒险精神;第六,我们对所学习或研究的事物要做到永不自满。21 世纪是一个科技创新的世纪,中华民族伟大复兴渴望着拥有创新精神与能力的人才,就是你我。

3.3.3　基于 5G 的高空抛物监测与防护技术

贵州大学矿业学院　安全工程系　赵世林　王恒宇　杜选模

1) 设计研究内容简介

随着中国城市化进程的加快,高楼大厦拔地而起,随之而来的是日益普遍的高空抛物问题。一直以来,高空抛物行为备受人们关注,其在作为城市不文明行为的同时,所带来的社会危害也十分巨大,如安全隐患、财产损失、破坏环境等。由于高空抛物不文明行为的实施场所多为高层建筑,抛物的下降速度极快,抛物时间极短,抛物者更是善于隐匿抛物行为,导致相关部门难以实现有效取证及准确定责。因此,高空抛物被称为"悬在城市上空的痛"。

为了更好地保护居民的人身和财产安全,解决高空抛物取证难的难题,本设计拟从事发时防护和事发后追责两方面着手,开展基于 5G 技术下的高空抛物监测与防护系统的研究,将 AI 智能监测系统和防护支架有效地结合在一起。通过数值模拟,确定防护支架的安装方式及位置,并选定合适的材料,最终实现整套系统的稳定、可靠运行。

2) 研究背景及意义

2019 年 1 月 22 日,海南省琼中黎族苗族自治县,9 岁男童从 21 层住房窗户扔下纸盒装牛奶,七旬老人被砸成十级伤残,法院判决男孩的监护人向老人赔偿各项损失共计 7 万余元。2019 年 9 月 14 日,深圳罗湖,男子陈某醉酒后从 24 楼家中先后 5 次高空抛物,将哑铃、拖车、垃圾接连坠下,任何一项物品若是砸在他人头上,都将造成不可挽回的悲剧。2020 年 11 月,深圳某小区一名约 5 个月大的婴儿被从天而降的苹果砸伤头部,随后该婴儿被送往医院救治。

高空抛物问题不断威胁着人们的"头顶安全",因此解决此问题迫在眉睫。针对高空抛物的问题,各国都有不同的应对措施。如美国的重罚政策、新加坡的"第一次警告、第二次责令搬走"规定、日本的"天眼"高空抛物监控系统等。

我国也对高空抛物行为进行了以下立法:2019年10月,最高人民法院印发《关于依法妥善审理高空抛物、坠物案件的意见》,明确规定,对于故意高空抛物者,根据具体情形按照以危险方法危害公共安全罪、故意伤害罪或故意杀人罪论处,同时明确物业服务企业责任。2021年2月,《最高人民法院最高人民检察院关于执行〈中华人民共和国刑法〉确定罪名的补充规定(七)》规定了高空抛物罪罪名。

虽然我国出台了相关法律进行整治,但因高空抛物行为难以被及时发现和追溯,造成了"取证难"的局面,给法律的执行带来了很多难题。基于此,张玲在对系统功能架构展开分析的基础上,提出了模块化设计方案,随后结合项目实例对高空抛物智能追溯系统在智慧社区中的应用实现方法进行了探究。詹秀珍设计了一种能实现智能监控报警、设备管理及设置、日志管理、移动侦测、系统巡检和数据备份的智慧社区高空抛物AI智能追溯系统。

虽然到目前为止,高空抛物智能监测系统取得了部分有益成果,但监测只能进行事后的追责,并不能完全杜绝高空抛物事故的发生。同时,由于存在人们无意的高空抛物,即使能够追责,但造成的危害已无法避免,这种情况是事故双方都不愿看到的。因此本设计提出另一个解决方案:在楼体外侧安装防护支架对高空坠物进行拦截。

由于高空坠物落地时的冲击力较大,实验表明一个30 g的鸡蛋从4楼抛下来就会使受害人身体起肿包;从8楼抛下来就可以使受害人头皮破损;从18楼抛甩下来就可以砸破受害人的头骨;从25楼抛下可使受害人当场死亡。但往往坠物的质量是超过30 g的,其冲击力相对更大。因此这对支架材料的选择、支架安装方式及位置都有一定的要求。同时,为了做到实时预警与准确地定位防护,需要在智能监测系统和防护支架之间进行无线网络连接,这就需要防护支架足够"智能"且响应迅速,故本设计提出,可使用目前最先进的5G网络进行网络连接,并基于AI与大数据识别进行智能控制。如果整套系统研究成功,必将切实地保护居民"头顶上的安全",杜绝主动和被动的高空坠物。

3)研究方案

(1)设计研究的目标、内容和拟解决的关键问题

①研究目标。基于现有研究成果,进一步解决高空抛物智能监测系统误拍率高、环境适应性差、视频定位难、高速下落物体监测难等问题,通过计算制作高空坠物的落点理论模型和冲击力理论模型,确定防护支架的水平宽度和安装位置及适合的材料。

②研究内容。

a.提高高空抛物智能监测系统的准确率。分析现有智能监测系统存在的问题,找出影响准确率的主要因素,为实现高精度的智能监测系统提出对策。

b.建立高空坠物数学模型。查阅相关资料,运用合适公式进行数值模拟,确定高空坠物的落点理论模型和冲击力理论模型、运动模型,为防护支架的搭设提供理论支撑。

c. 实现实时监测和防护。将监测系统和防护支架进行智能连接,做到识别、报警、防护一体化、自动化、智能化。

③拟解决的关键问题。为了做到实时性,同时减少不必要的损耗,需要高精度的智能监测系统解决高空抛物监测系统深度学习难以进行识别的问题,另外,提高检测准确率也是需要解决的关键问题。

（2）设计研究计划及进展

2021 年 10 月 1—5 日:查阅文献、资料,了解现有的相关技术;

2021 年 10 月 6—23 日:在现有的能力下对设计进行研究和分析;

2021 年 10 月 24—27 日:制作 PPT,对研究设计进行总结和汇报;

2021 年 10 月 28—11 月 16 日:撰写研究报告,完成设计总结、结题工作。

4）项目的特色和创新点

（1）项目特色

高空抛物被称为"城市毒瘤",近年来,高空抛物伤人事件频频发生,不仅危害他人身心健康,而且影响大众的安全感和幸福感,智慧社区对高空抛物场景的要求越来越高。本设计研究内容切合群众所望,可切实保障群众的身心健康。

（2）项目创新点

①在 5G 技术的支持下,将监测系统和防护系统有机地结合在一起,真正做到智能化、自动化。

②当前高空抛物的检测方式主要是采用高频摄像头和红外摄像头进行录像,然后进行事后人工追溯的方式。而本设计通过深度学习进行训练学习的方式来实现主动检测高空抛物,然后使用训练后的模型来识别高空抛物。

5）研究基础

（1）已具备的条件

高空抛物智能检测系统的研究已趋于完善,对防治高空抛物的方法及高空坠物的相关计算公式已大体了解。

（2）尚缺少的条件

对于编程和人工智能方面的知识还有所欠缺,数值模拟软件应用生疏,设计细节方面不够完善。

（3）拟解决的途径

进行深入学习和研究,寻求他人帮助。

6）设计实施情况

（1）智能监测系统

本设计使用的智能监测系统是一种基于轨迹分析的高空抛物检测方法及装置,该方法包括获取当前监控视频的多帧图像,对多帧图像进行运动物体检测,确定出各帧图像上的运动物体,然后对确定出运动物体的各帧图像进行处理,从而确定出各帧图像上运动物体的中心坐标,根据各帧图像上运动物体的中心坐标进行直线拟合,进而得到运动物体的运动轨迹方程,对方程进行验证,确定高空抛物的物体。首先对各帧图像进行运动检测,得到各帧图像上的运动物体,然后依据各帧图像上运动物体坐标运动轨迹方程进行计算,最后进行运动轨迹方程验证,从而确定高空抛物的物体。该系统可以实现主动检测高空抛物线性轨迹,解决了深度学习难以进行识别的问题,提高检测准确率,监控点位布置如图 3.96 所示,高空抛物智能检测系统流程如图 3.97 所示。

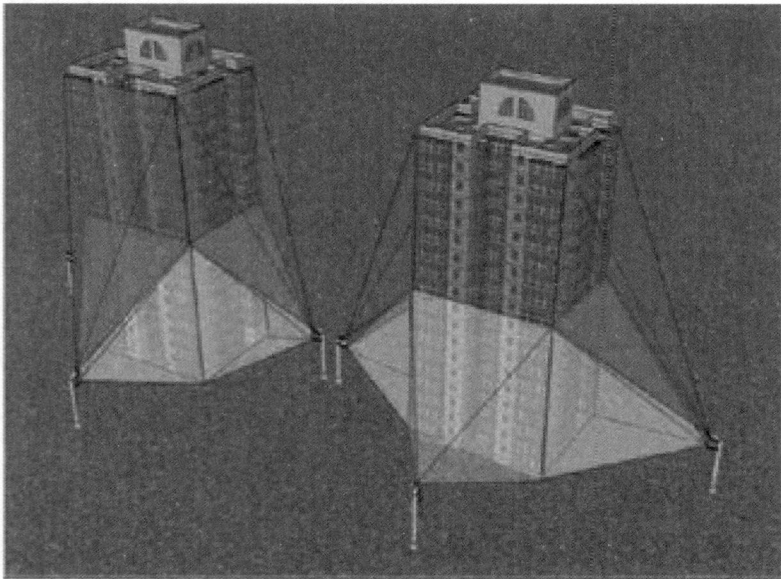

图 3.96　监控点位布置示意图

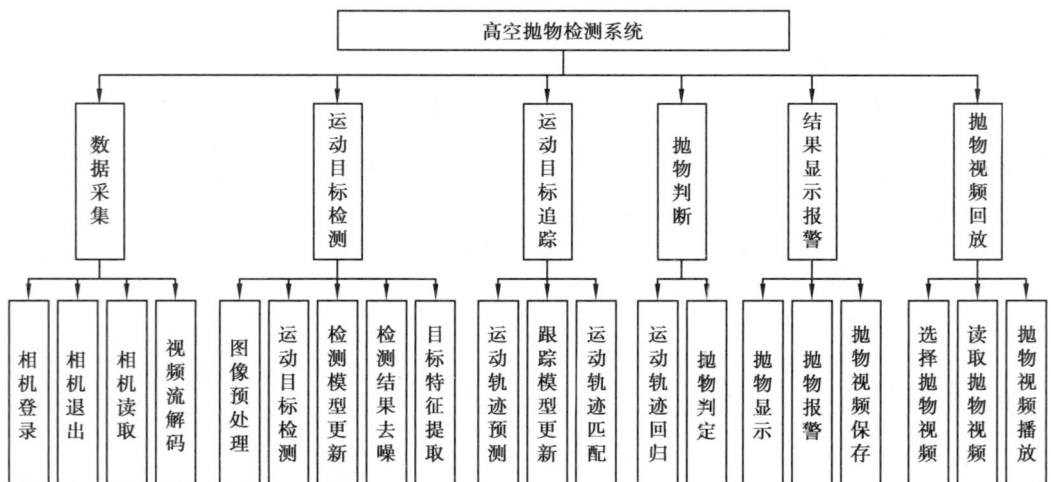

图 3.97　高空抛物智能检测系统流程图

（2）高空坠物数学模型

考虑空气阻力影响下的散落范围，x 的最终计算公式为

$$x = \begin{cases} v_0\left(\sqrt{\dfrac{2h}{g}} - \dfrac{kh}{mg}\right), & 0 < h < \dfrac{m^2 g}{2k^2} \\[2mm] \dfrac{mv_0}{2k}, & h \geqslant \dfrac{m^2 g}{2k^2} \end{cases} \qquad (3.1)$$

由式（3.1）可知，高空坠物落点位置 x 与水平初始速度 v_0 成正比，与空气阻力系数 k 呈负相关，与坠落物质量 m 成反比，但高空坠物散落范围 x 与坠落高度 h 的关系较复杂。取重力加速度 $g = 9.8 \text{ m/s}^2$，水平初始速度 $v_0 = 2.5 \text{ m/s}$，坠落物质量 $m = 1 \text{ kg}$，不同空气阻力系数的高空坠物散落范围 x 与坠落高度 h 的关系如图 3.98 所示。

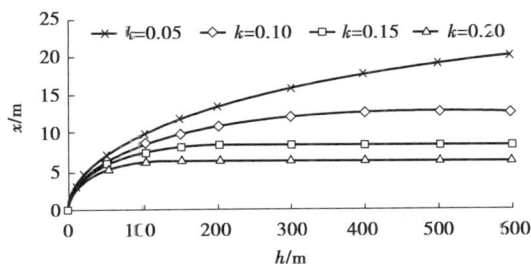

图 3.98　不同空气阻力系数的高空坠物散落范围 x 与坠落高度 h 的关系图

（3）适合做防护支架的材料

超高韧性水泥基复合材料（Ultra High Toughness Cementitious Composites，UHTCC）采用不超过 2.5 vol% 聚乙烯醇［Poly（vinyl alcohol），PVA］纤维的掺入，使用常规的搅拌工艺加工成型。其优化设计使得其能够在开裂后仍能承受较高的荷载，体现出伪应变硬化特征和多缝开裂特性，克服了混凝土结构因韧性差、易开裂、开裂后裂缝宽度过大等系列工程问题。相较于普通混凝土材料，其宏观极限拉应变可达到 3% 及以上，是普通混凝土的 100 倍，普通热轧钢筋的 3 倍；且更为突出的是达到极限荷载时，UHTCC 的平均裂缝宽度仅为 60 μm，具有多缝开裂和优异的裂缝分散能力。鉴于 UHTCC 的优良性能，其广泛应用于复杂工程环境下层结构以及对裂缝要求严格的建筑结构。另外，UHTCC 具有超高的韧性、良好的耐久性和优异的耗能效果，这些特性使得其在防护工程中具有广阔的应用前景。

7）收获与体会

此次设计由本小组分工完成，每名组员都尽职尽责，设计研究进展顺利。我们在生活中只接触过高空抛物，但从来没有在意过，真正深入研究后才发现，高空抛物的危害极大，且难以解决，所以在今后的生活中，从自己做起，拒绝高空抛物。

在设计研究过程中，我们也碰到了很多的困难，因为个人能力不足，有一些需要计算的问题很难解决，但我们并没有因此放弃，大家一起查阅资料，慢慢琢磨，碰到问题，共同克服，尽管花费了大量时间，也走了很多弯路，但最后能够完成报告，是我们组每名组员的努力成果，

每个人的努力都让我十分感动。

这次自主设计的研究让我们得到了成长,明白了自身能力的欠缺会成为进步的硬伤,我们以后也会更加专注地提升自己的个人实力。同时,一个有凝聚力的团队也是很有必要的,像家一般温暖的团队才是战无不胜的。

3.3.4 一种蟒式消防无人机概念设计

贵州大学矿业学院 安全工程系 陈有成 季涛

【摘要】

本设计针对高层火灾救援中存在的难点问题,以整体结构和功能为切入点,设计了一种具备机动灵活、火情侦察、火场支援、应急救援能力的蟒式消防无人机,为未来无人机设计应用到高层火灾扑救方面提供了一定的创新思路,同时以该设计为基础,探寻了一种将无人机、消防车、消防应急人员有机联系起来的"空—地灭火救援"模式,以此来提高消防应急人员应对高层火灾的能力。

【关键词】

概念设计;蟒式无人机;消防;高层火灾

【正文】

1)引言

随着社会经济的飞速发展,城市化进程进一步加快,越来越多的高层建筑出现在人们的视野中。由于高层建筑具有人员密集度大、逃生时间长、逃生方式难等的特点,在火灾发生期间往往会造成重大的人员伤亡。这也使得诸多学者从各个方面去探寻高层火灾的解决办法。彭天海等基于 IEC 61850 对电器量采集和非电器量采集等功能所需信息模型进行研究,实现了高层建筑电器火灾的实时监控;毕晓君、孙梓玮、刘进设计了一套高层火灾智能报警及逃生指导系统,希望以此来降低火灾中的人员伤亡;袁威等从环境风入手,采用理论分析和数值模拟相结合的方法,发现随着环境风速的增大,楼梯井内温升速度的抑制作用会增强;张明空、胡小兵、王静爱提出了基于涟漪扩散算法的协同进化路径优化方法,给火灾中高层建筑人员提供最优逃生路径;朱春玲等调研分析了大量超高层建筑施工期火灾案例,在火灾致灾因素的基础上总结提炼了相关防火技术和管理措施,供施工管理人员在制定消防预案时参考。

除上述以高层建筑为主要对象进行研究的学者外,还有一些学者从无人机方向着手,以期利用无人机来解决高层火灾问题。如郑学召等针对高层建筑火灾的特点研发了一套快速高效、安全可靠的无人机搭载灭火弹系统,以保证灭火剂弥散的最佳效果;唐甜甜、李翠玉等通过剖析住宅区火灾发生的特点和原因,以"第一时间打击初火为切入点",设计出一款应用于住宅区的"监察打一体化"消防声波灭火无人机;王娟、崔彦琛、娄旸等学者更是从视觉算法研究、消防通信应用、虚拟仿真训练系统、协同搜索规划等方面着手来探寻无人机进行高层灭火的新思路。

目前,对高层火灾进行研究的研究者不少,但从无人机整体结构入手进行概念设计的学者却寥寥无几。概念设计具有显著的实验性、前瞻性和试错性,是新产品开发与量产的必经之路,如果能赋予无人机新的可能性,对于我国无人机在消防领域的发展具有重要意义。本设计拟通过分析融合高层火灾救援难点,利用软件设计一种新型蟒式消防无人机并探究一种针对高层火灾的"空—地灭火救援模式"。

2)高层火灾救援难点

(1)火场状况难知晓

对于火灾,一旦起火地点位于中高楼层及以上,消防应急人员初期难以开展侦查工作,只能通过外部观察或者由报警人和周边住户的口中了解相关情况,不能完全掌握起火楼层的受困人数、起火地点、受困人员方位、火势蔓延趋势等实际火场情况。并且初期消防力量较为薄弱,一时间很难快速对火势进行压制,往往会使火势逐步蔓延至邻近楼层,加之受楼内易燃易爆物品、楼层内部结构等不确定因素的影响,将导致火场形势实时变化,具体火情信息难以在第一时间汇总到消防应急人员手中,使其无法抓住关键地点进行灭火扑救,丧失了最佳的灭火时间,导致火灾进一步扩大,造成更为重大的财产损失。

(2)火场扑救难度大

高层火灾起火地点如位于中高楼层及以上,普通的消防车辆因自身结构设计、水带长度、水压强度、喷水高度等因素的限制,往往无法起到实质性的作用,必须由特制的消防车辆进行灭火作业,但这些特制的消防车辆造价高昂,并不是城市消防部门都有配备。因此面对这种情况,消防应急人员就只能寻找与其相邻的楼栋,将水枪架在楼顶上,利用楼栋的高度来强行增加水枪的喷水高度进行灭火作业,但这一行动又会耗费大量的时间,火势的发展本就迅速,要想不让其进一步扩散蔓延,就必须抢占时间。正是因为灭火设备的限制及传统的灭火方式存在短板,使得高层火灾的扑救难度非常之大。

(3)人员撤离困难

高层火灾最为突出的一个难点就是人员撤离困难。当起火地点发生在中高楼层时,位于其下方的人员可以安全撤离,但位于其上方的人员想撤离就比较困难。这主要源于两个方面,一方面由于楼层过高、电梯停运,人员很难在短时间内撤离到较安全的楼层;另一方面火灾具有突发、快速蔓延、产生大量有毒有害烟气的特点,大量烟气会从楼梯井不断向上冒出,极大地阻碍了人员撤离的速度,并且人员在撤离过程中会有窒息的危险。对于一般的高层建筑,消防应急人员还可以利用云梯车将受困人员救出,但在某些极端情况下,当面对某些高度超过云梯车范围的超高楼层且火势马上就要蔓延到受困人员身边时,消防应急人员可能就无能为力了。

3)概念设计

(1)组成结构

为解决上述高层火灾救援中的难点,本设计组专门对此设计了一种新型蟒式无人机,并利用 AutoCAD 软件进行模型构建,其具体结构及外观如图 3.99 所示。

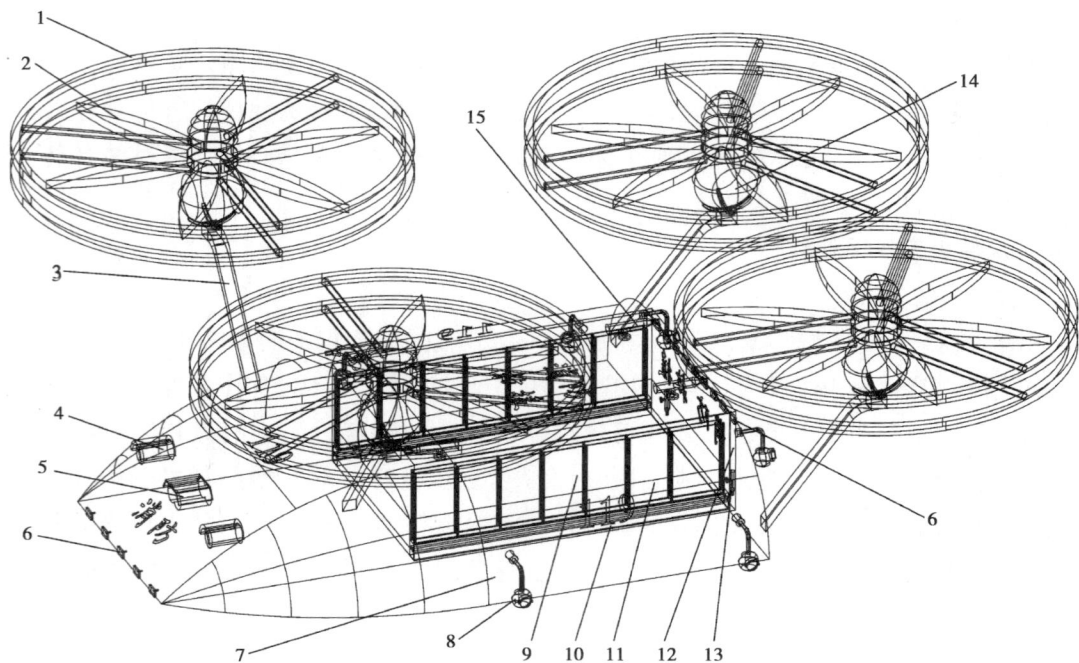

（a）轴式结构示意图

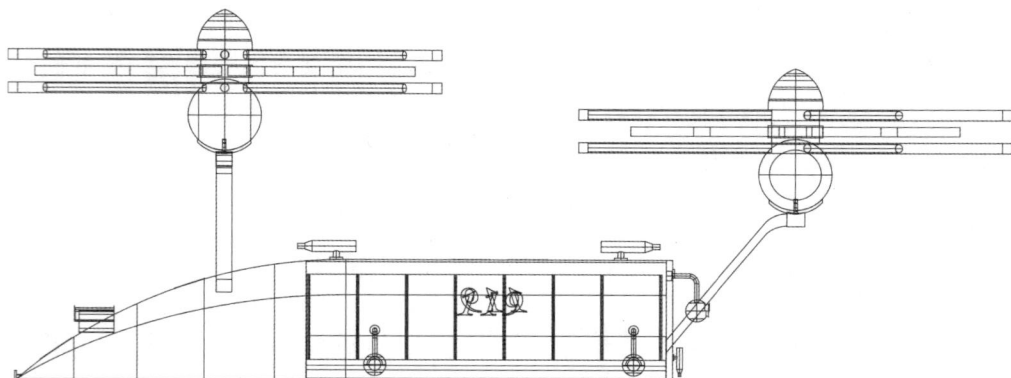

（b）右视结构示意图

（c）外观图

图 3.99　蟒式无人机结构

1—护翼环;2—旋翼;3—升降臂;4—主摄像头;5—热成像仪;6—警灯;7—储物区;8—副摄像头;

9—防护玻璃;10—滑轨槽;11—逃生垫;12—逃生门;13—副水炮;14—转向装置;15—主水炮

（2）功能介绍

①机动灵活。蟒式无人机可通过控制升降臂前、后、左、右 4 个方向的旋转程度来决定旋翼的位置高度，同时还可通过球形的转向装置来改变其旋翼自身的方向，使得无人机具备可人为自主改变多种形态的功能，让其在面对不同的高楼密集度和复杂的城市环境下能够切换为适合当地实际情形的形态，从而避免蟒式无人机与楼层发生碰撞危险，并且能够在城市楼宇间运行得更加游刃有余，凭借其机动、灵活、快速的优势，迅速抵达火场，赢得救援时间。图3.100 所示为无人机更改旋翼方向后的一种状态。

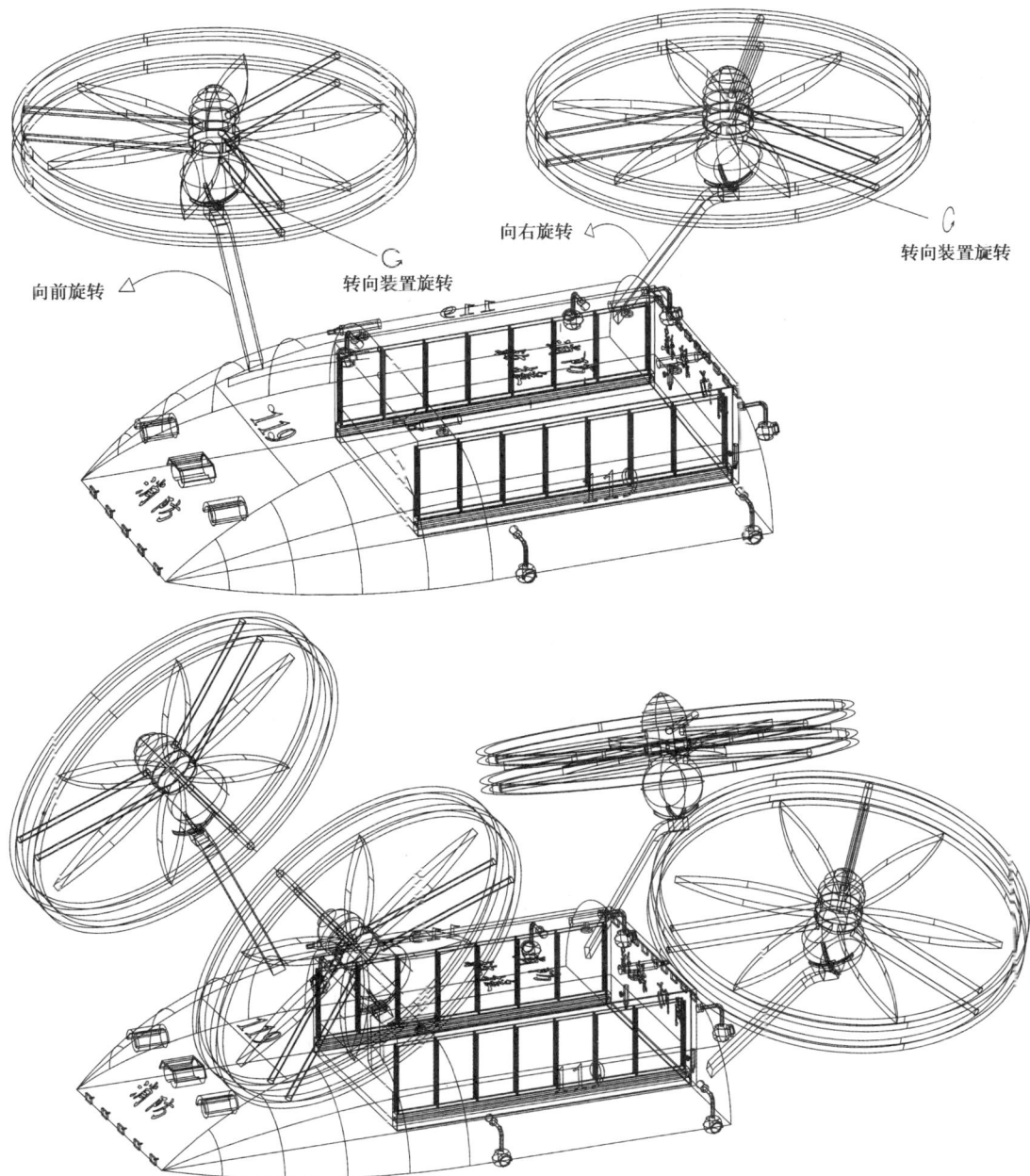

图 3.100   蟒式无人机旋翼转向示意

②火情侦察。由于蟒式无人机装载了摄像头和热成像仪,使得其在高层火灾火情侦察方面更具明显优势,主要表现在两个方面。一方面,消防应急人员可通过操作其位于正前方的两个主摄像头及左、右两侧的可旋式副摄像头来快速了解周边环境,并将蟒式无人机精准悬停在起火楼层,对火情进行初步侦察;另一方面,利用热成像仪,可对起火楼层和周边楼层进行观察和探测,从而确定包括起火地点、火势蔓延程度、受困人员方位及数量等在内的诸多重要信息,为消防应急人员制订灭火战术、救援措施、警戒范围、后期事故原因调查等提供一定的技术支撑。

③火场支援。针对高层火灾,蟒式无人机除了应具备侦察能力外,还必须具备一定的火场支援能力,以便在火势危急、消防先头部队力量不足的情况下及时地给予支援,最大限度地减少人民群众的财产损失,降低消防应急人员的灭火风险,具体设计如图 3.101 所示。

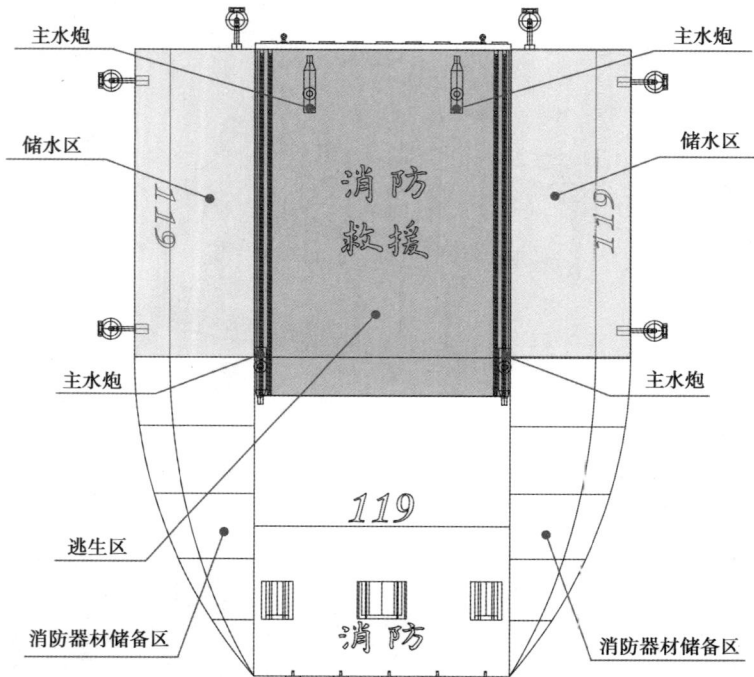

图 3.101　蟒式无人机主体结构分区

在火场支援方面,该新型蟒式无人机主要从无人机主体部分入手,首先,对主体的内部进行区域划分,建立储水区、逃生区和消防器材储备区,实行三区独立原则。其次,在主体外部增设四门主水炮和两门副水炮(在蟒式无人机实行应急救援时可启用),将水炮同储水区相连,这样,蟒式无人机便可利用储水区的水进行灭火。该新型蟒式无人机同传统无人机利用连接在消防车或者消防泵上的水枪进行灭火相比,克服了传统无人机因受水带、水压等因素而被限制高度的缺陷,真正成了一个独立的灭火单元,增强了无人机在独立状态下的灭火能力,能更好地协同消防应急人员进行灭火。消防器材储备区则用来存储灭火工具和灭火材料,一旦在救火过程中相关灭火器材和设备不足,消防应急人员便可直接从该储备区中拿取,这一区域的建立使蟒式无人机很好地担负起了火场应急支援的责任。

④应急救援。对该蟒式无人机来说最核心的就是逃生区,这一区域是专门为高层火灾受困人员准备的,其工作机理如图 3.102 所示。

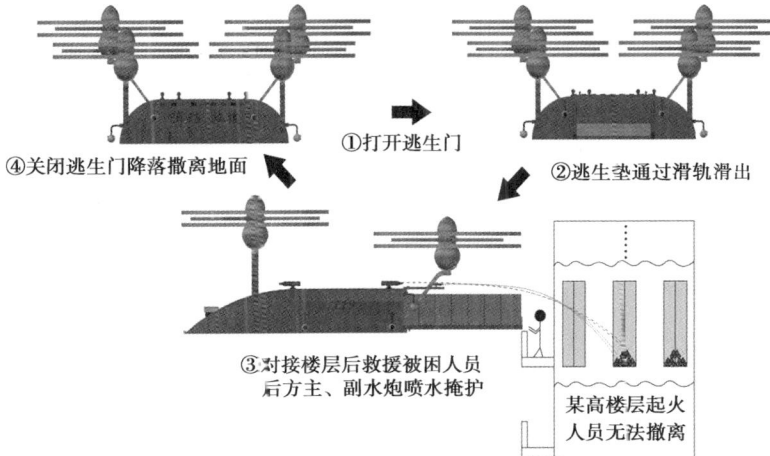

④关闭逃生门降落撤离地面　①打开逃生门
②逃生垫通过滑轨滑出
③对接楼层后救援被困人员
后方主、副水炮喷水掩护
某高楼层起火
人员无法撤离

图 3.102　蟒式无人机应急救援

当某高楼层突然发生起火且火势蔓延速度快,火势大,导致被困人员无法及时撤离时,消防应急人员便可在侦察清楚情况后,控制蟒式无人机转向,使后方逃生门的位置大致位于被困人员所在楼层,然后打开其后方的逃生门,让其中的逃生垫通过下方衔接的滑轨滑出,同时利用后方的两个副摄像头让逃生垫准确地与被困人员所在楼层对接,待被困人员安全躺在逃生垫上后,控制逃生垫滑回无人机逃生区并关闭逃生门,让蟒式无人机降落至地面,使人员得以安全撤离。考虑到在某些危急情况下,火势的发展会在蟒式无人机救援过程中威胁到被困人员的安全,故特意在逃生门上设置了两个副水炮,使其同位于后方的两个主水炮一起喷水,阻滞火势向被困人员蔓延,掩护其安全撤离。为了避免逃生人员躺在逃生垫上后,因风流而难以较为稳定悬停,使得逃生人员出现向左右两侧倾出的情况,蟒式无人机特在逃生垫两侧分别加装了两道防护玻璃,以最大限度地保证逃生人员进入蟒式无人机逃生区过程的安全。

4) 救援模式

通过该新型蟒式无人机的设计可以探索出一种专门用于解决高层火灾的"空—地灭火救援模式",如图 3.103 所示。

空—地灭火救援模式从灭火空间上分为天空、地面两个范围,其中天空的灭火力量以蟒式无人机为主,地面灭火力量则以传统的消防车为主,而消防应急人员则是将空—地联合灭火模式联系起来的重要纽带,三者之间各司其职、相互联系、相互影响。当高层火灾属于Ⅰ类(即起火楼层位于消防车喷水范围外)时,整个灭火过程以蟒式无人机为主,执行火情侦察、火场扑救等任务,而消防车则可在地面为蟒式无人机储水区进行供水补给,同时利用云梯辅助撤离其所在范围内的被困人员。当高层火灾属于Ⅱ类(即起火楼层位于消防车喷水范围内)

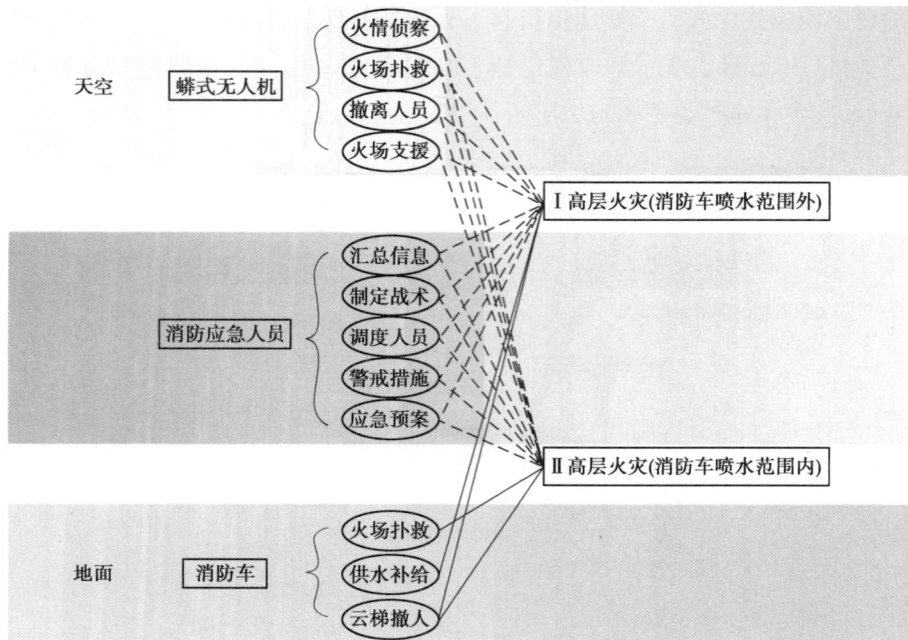

图 3.103　空—地灭火救援模式

时,则灭火过程以消防车为主进行火场扑救和云梯撤人,不再负担为蟒式无人机供水补给的任务,而此时蟒式无人机应当以火场支援和撤离人员为第一要务,辅助消防车进行灭火。对于消防应急人员来说不管是哪类高层火灾,其任务都是汇总蟒式无人机侦察传回的信息,迅速制定正确的战术和应急预案、合理调度人员及采取警戒措施等,避免火势进一步扩大,造成更多的人员伤亡和财产损失。

5) 总结

①设计了一种新型蟒式无人机。虽然该蟒式无人机的概念设计在参考高层火灾救援难点的基础上,对无人机的整体结构、功能、外形都进行了创新,但难免会存在局限性,因此在未来的实践验证中,还必须考虑消防、无人机领域专家的意见,对该无人机研发的可行性进行充分论证。

②探索出一种专门针对高层火灾的"空—地灭火救援模式"。将所设计的蟒式无人机同消防车、消防应急人员有机结合起来,明确三者在两类不同高层火灾情况下的分工合作关系,形成互为辅助的灭火救援机制,降低高层火灾的人员伤亡和财产损失。

3.3.5　公交站台的安全人机创意设计

贵州大学矿业学院　安全工程系　冉浪　石鑫

【摘要】

在公共交通迅速发展的今天,公交车成为了城市一道亮丽的风景线,公交系统也越发地完善,它也为人们的出行提供了便利。但是,在公交站台的发展过程中也存在一些安全人机问题。对此,本设计运用安全人机工程的专业知识对公交站台中出现的安全人机问题进行改进设计。

【关键词】

公交站台;安全人机工程;改进设计

【正文】

随着人们生活水平的提高,交通工具也变得多样化。城市的公交系统也发展得越来越快,越来越多的人选择公交出行。公交站台不仅是一座城市的标志,也是一座城市精神面貌的体现。因此,公交站台的安全性、舒适性、便捷性成了人们普遍关注的问题。在生活中,我们也能发现一些公交站台的设计不合理之处。

通过对学校附近的站台进行调查,我们首先发现公交站牌上的路线文字显示太密集,字迹太小,不能快速清晰地获取需要的信息,而且部分站牌没有标注起点和终点,可能导致人们乘坐到相反方向的车辆,其次在夜晚时,公交站牌上没有照明并且有些站点照明的灯光十分微弱,导致看不清站牌信息。有些公交站牌的高度设计过高,不在人的可视范围内,需要仰头观看,长期观看会引起人的颈椎问题。以上都是公交系统存在的不合理的安全人机问题。针对以上的问题,本设计提出了一些改进措施。

1)理论分析

首先,根据安全人机工程的专业知识了解到,视觉是人接收信息的主要手段,人体有80%的信息来自视觉获得。其次,数字式显示器的特点是简单,准确。具有认读效率快,不易产生视觉疲劳等优点。所以采用数码显示屏能提高认读效率,减少错误率。此外,根据反应时间等值曲线可知人的最佳视野认读区域为上下约8°,右约45°,左约10°的区域以及人的视野极限为上下约50°、70°的区域。根据这个原理将数码显示屏安装在人的视野上下约60°的范围内。最后,数字式显示屏上的照明设施可以使路人在夜晚也能轻易获取站牌信息,人的视野界限如图3.104所示。

2)改进设计

针对以上问题,对学校附近的公交站台进行了改进设计(图3.105)。

改进后的公交站台具有如下优点:

①智慧交通:实时公交语音播报,实时查询公交路线,城市道路实时交通态势,让人更加清晰了解站点信息。

②智慧安防:24 h安防监控,紧急求助。

③公共服务:城市公共无线网络、应急手机充电、自助售货机。

④智慧环保:水位监测、降温除尘。

⑤智慧广播:定时语音广播、即时语音广播、文字转语音广播。

⑥智慧天气:监测周围环境状况,整点天气播报。

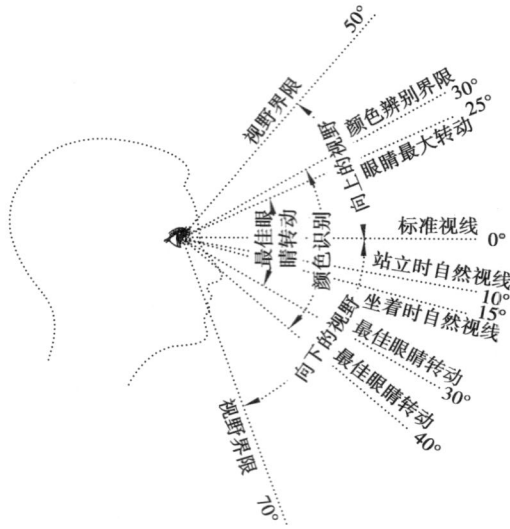

图 3.104　视野界限

⑦智慧监控:监测站点人流情况,根据需要对违法犯罪行为提供有力视频监控。

⑧智慧广告:增加广告收入,对城市政策信息,人文旅游等进行宣传推广,让更多的人了解城市发展,提供应急信息预报同时对上下车人群进行安全提示。

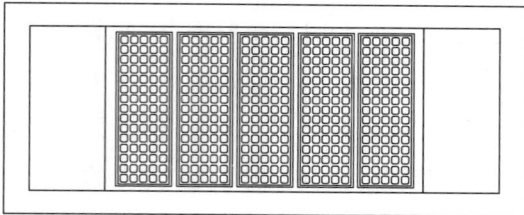

（a)俯视图

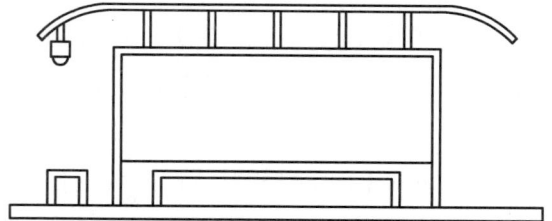

（b)后视图

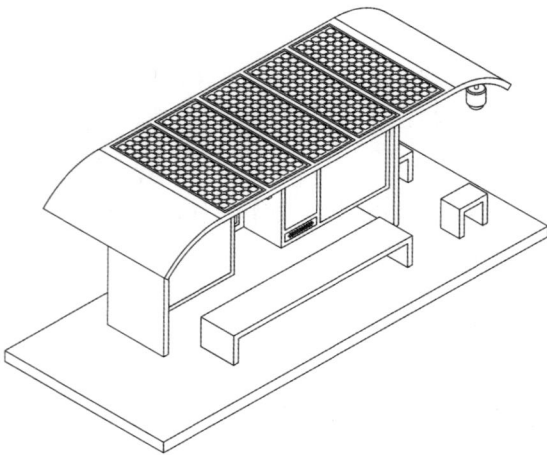

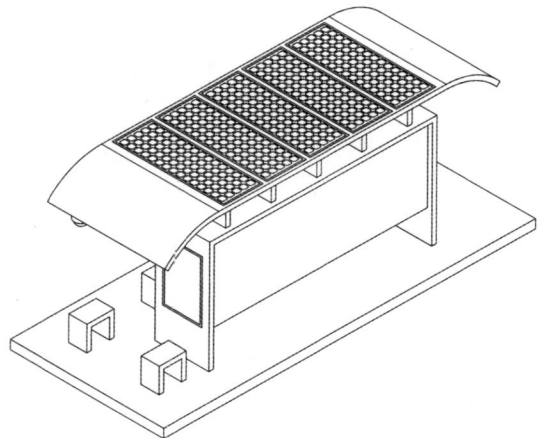

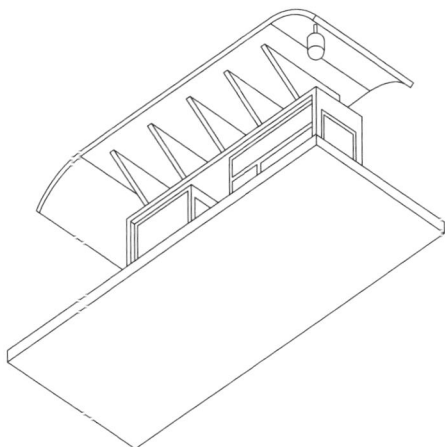

（c）立体图

（d）仰视图

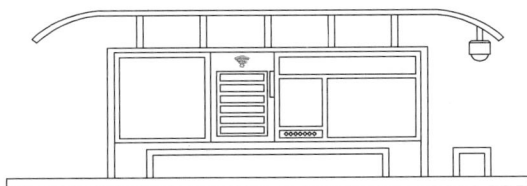

（e）主视图

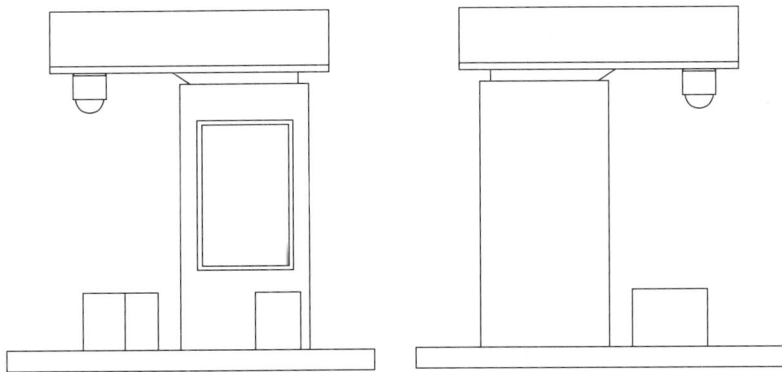

（f）右视图和左视图

图 3.105　各视图

3）心得体会

首先,通过这次安全人机课程设计,我们发现了生活中存在的一些问题,养成了运用专业知识去解决生活中的问题并积极思考的好习惯。其次,人不仅要做思想上的巨人,还要做行动上的巨人,这次课程设计让我们懂得了理论与实际相结合的重要性,我们要懂得将所学知识运用到生活中去,提高动手能力和独立思考的能力。最后,在这次设计过程中,大家集思广益,互相进步,这让我们的合作更加默契,也让我们明白了团队的重要性,作为一个设计者,在设计产品时不仅要注意产品的性能,还要考虑在产品设计过程中人和所设计的产品及他们所处的环境的协调及统一,提高产品与人之间的和谐关系,尽量满足舒适和安全的使用要求。

3.3.6　配网输电杆塔主动防护装置研制

贵州大学矿业学院　安全工程系　蒙文富

1）研究背景及目的

目前,国内外对电网系统灾害性气象条件下的防护技术研究开展较少,一般是根据经验设计来提高设备本身的强度,从而提高抗灾能力。本设计主要采用大规模大范围的设备改造,如提高电杆等级、加装防风拉线、加固电杆基础、提高线路设计标准要求等方法,提高线路在灾害气象条件下的预防能力。但是,一方面,大规模的设备改造需要投入巨额的成本,且设备本身抗灾能力受工程成本及实际情况限制,提升有限。同时由于不同地区环境的差异性,以及灾害性气象条件本身的差异性,设备改造工程的普适性受到一定的限制。另一方面,这些技术仅属于一种被动的防护方式,即事后预防或处理,在灾害气象频发时,电网系统受损仍然严重。

虽然林区电杆主动安全防护技术系统由线路、电杆、横担、绝缘子和金具等多个设备构成,但从历史事故经验来看,在所有电网设备故障类型中,电杆破坏造成的后果最为严重,若能保护住电杆,将极大地缩短抢修时间,降低停电损失。针对目前被动防护方式的不足,本设计组提出电杆"主动防护"安全技术,将事后处理的风险控制理念转变为事前预防,通过厘清树木倒伏对电杆安全稳定运行影响的力学作用,设计电杆主动防护装置,可以更为有效地保障电杆的安全运行,从而为电网系统抗灾预防提供新技术。

本设计开展的电网线路电杆"主动防护"安全技术研究,填补了电网线路在超出设计标准要求的灾害性气象条件下理论研究和处置措施研究的空白,是输电线路安全运行风险防控的一个重要研究方向。

本设计以配网线路的输电杆塔为研究对象,厘清树木倒伏对输电杆塔安全稳定运行的影响机制,设计输电杆塔主动防护方案,研制输电杆塔主动防护装置,提出配网输电杆塔主动防护安全技术。

2）受力分析

在指导教师的指导下,利用我校图书馆资源、网络资源等进行相关资料的学习,结合所学专业知识,从电网线路中较为脆弱且一旦受到损坏则修复最为困难、造成经济损失最大的单元(电杆)出发,建立三连杆数学模型,进行受力分析。本设计研究突遭强大外力对电杆的影响,因最常见的电杆为单柱混凝土电杆,以其为依据建立数学模型具有代表性,根据材料可知,电杆所受荷载可分为垂直和水平两类。

垂直荷载由杆塔自重和电线自重等部分组成;水平荷载分为与电线方向垂直并沿横担长度方向的横向水平荷载和与电线方向垂直且沿横担长度方向的纵向水平荷载。

①对图 3.106 所示三杆模型中的电杆 O 求垂直载荷得：

$$G = g_1 \cdot s \left[\frac{1}{2} \left(\frac{l_1}{\cos \beta_1} + \frac{l_2}{\cos \beta_2} \right) + \frac{\sigma}{g} \left(\frac{h_A}{l_1} + \frac{h_B}{l_2} \right) \right] \qquad (3.2)$$

式中　G——电线、避雷线的垂直荷载，N；

g_1——自重比载，N/（m·mm^2）；

s——电线横截面积，mm^2；

β_1、β_2——两端高差角，（°）；

h_A、h_B——两端高度差，m；

σ——电线、避雷线应力，Pa；

g——重力加速度，kg/m^2。

公式中，若两边的电杆的电线依附点低于电杆 O 依附点，则取正号，反之取负号。

②求水平荷载，即求电线和避雷线所受到的风荷载得：

$$P = g_4 s l_{sh} \cos \frac{\alpha}{2} + P_J \qquad (3.3)$$

式中　P——电线、避雷线风荷载，N；

g_4——风压比载；

P_J——绝缘子串风压，N；

l_{sh}——两端水平档距的平均值，m。

③求角度荷载，即存在转角的电杆，除承受水平荷载外，在横向还承受由架空线张力引起的角度力，如图 3.107 所示。

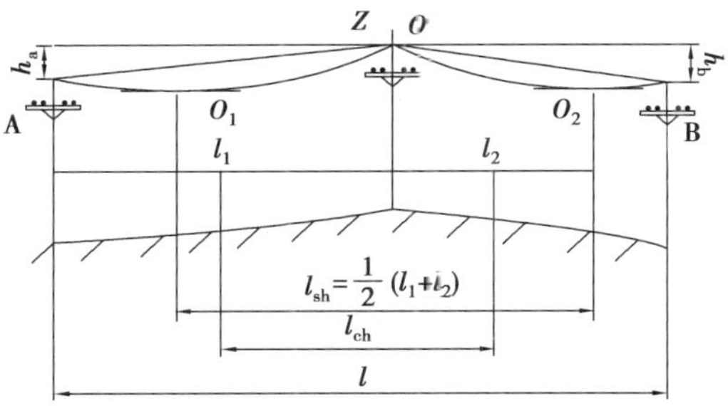

图 3.106　电杆简化模型图 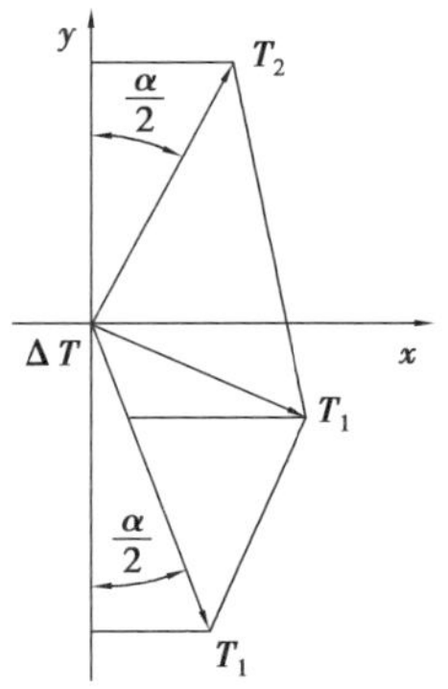　　　图 3.107　转角杆角力图

角度荷载可用下式计算：

$$T_J = (T_1 + T_2) \sin \frac{\alpha}{2} \qquad (3.4)$$

式中　T_1，T_2——电杆两侧的张力，N；

导线的不平衡张力，即：

$$\Delta T = (T_1 - T_2) \cos \frac{\alpha}{2} \qquad (3.5)$$

其合力为：

$$T = \sqrt{(T_J^2 + \Delta T^2)} = \sqrt{T_1^2 + T_2^2 - 2T_1 T_2 \cos \alpha} \qquad (3.6.1)$$

④以图 3.108 中截面 x-x 所受弯矩检验电杆强度，计算公式如下：

$$M_x = (1 + m)\left[\sum (G \cdot a) + \sum (P \cdot h) + P_{px} \cdot h_x \cdot Z\right] \qquad (3.6.2)$$

式中　m——附加弯矩系数，取 12% ~ 15%；

　　　P_{px}——主杆杆身每米长度风压，N/m；

　　　a——电线悬挂点距电杆的距离，m；

　　　h_x——图中截面 x-x 以上的电杆高度，m；

　　　Z——x-x 截面上风压合力到截面 x-x 处力臂，m。

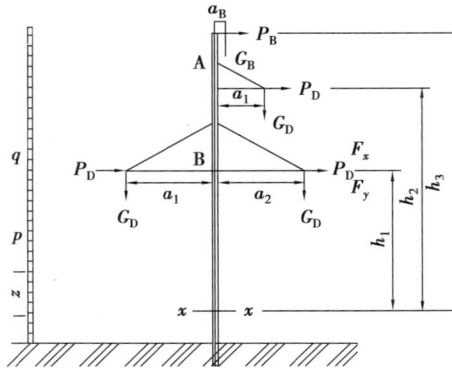

图 3.108　电杆载荷分布图

常态下电杆受力分析情况如上所述，查有关资料得 12 mK 级电杆，其开裂检验弯矩约为 39 kN·m；而在 20 m/s 的风速环境下，电线为 JL/G1A-150/25 时电杆所承受的弯矩为 6.626 kN·m。

⑤当电杆遭受巨大外力如树木倒伏等情况而破坏时，假设电线突遭强大外力载荷 F，作用于电杆上分为水平方向的 F_x 和垂直方向的 F_y，有：

$$\Delta M = M_x - M \qquad (3.7)$$

$$\Delta M = (1 + m)\left[F_x h + F_y a\right] \qquad (3.8)$$

式中　ΔM——电杆断裂弯矩差，kN/m；

　　　M——20 m/s 下电杆受到的弯矩；

　　　m——常态下电杆所受弯矩系数，kN/m；

　　　h——断裂面距固定点距离，m；

　　　F_x、F_y——电杆所受水平分力，kN。

由上式分析计算可得，取电杆断裂面距离电线固定点为 6 m，当电杆受到的强大外力达到

4.48 kN 时,电杆就会遭到破坏。对木倒伏、强台风、覆冰等情况随时都可能达到该力值,使电杆遭到破坏,所以有必要进行林区电杆主动安全防护技术的研究。

3)主动安全防护装置

在掌握电杆力学特性和破坏模式的基础上,我们设计了电网薄弱单元结构装置,即以适当的连接方式,在电杆的横担、绝缘子和电线之间设置一种电网薄弱单元结构装置,当线路遭受的载荷作用超越设计值时,装置内部的薄弱单元结构率先发生动作,使输电线从薄弱单元结构中脱离开来,从而实现输电线和电杆的分离,以达到保护电杆的目的。

如图 3.109 所示为该装置结构示意图;如图 3.110 所示为该装置线路连接示意图;如图 3.111 所示为该装置固定器装置示意图;如图 3.112 所示为该装置绝缘保护外壳示意图;图 3.113 所示为该装置实物图。

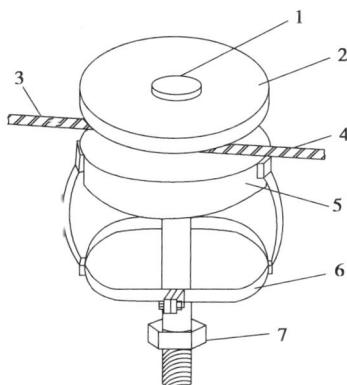

图 3.109　整体装置图

1—剪切螺栓;2—上压盖;3—线路;4—线路;5—固定器;6—固锁环;7—螺母

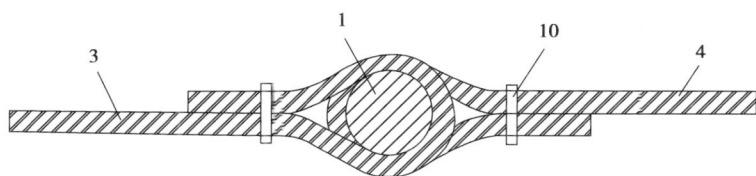

图 3.110　线路连接示意图

1—剪切螺栓;3—线路;4—线路;10—线路箍

线路 3 和线路 4 两段线路分别向相反方向从上压盖 2 和固定器 5 之间穿过,绕过剪切螺栓 1 拉回,再分别用线路箍 10 扎紧;上压盖 2 可沿剪切螺栓 1 轴线方向调节,通过螺母 7 固定位置,具体为向上旋转螺母 7,使上压盖 2 下降,直到线路 3 和线路 4 紧密接触后,即完成上压盖 2 的固定调节,如图 3.112 所示。装置主体结构套装于绝缘保护外壳 11 中,如图 3.113 所示。

前述固定器 5 上设有螺纹孔 8 和固锁环 6,如图 3.111 所示。螺纹孔 8 可固定剪切螺栓 1,固锁环 6 将整个装置固定在绝缘子 9 上。线路箍 10 设有逆止结构,用于扎紧绕回线路,捆扎方式如图 3.110 所示。

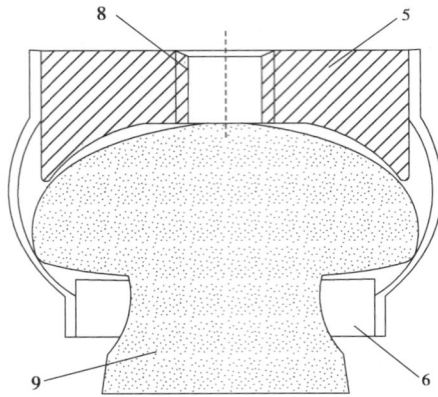

图 3.111　固定器装置示意图

5—固定器;6—固锁环;8—螺纹孔;9—绝缘子

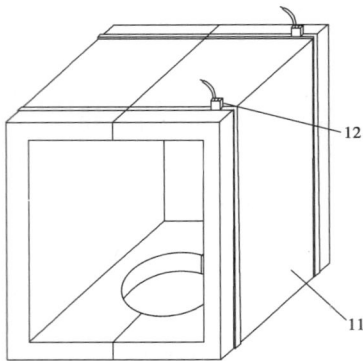

图 3.112　绝缘保护外壳示意图

11—绝缘保护外壳;12—自锁式卡扣

图 3.113　装置实物图

4)配网电杆主动安全防护技术

配网电杆主动安全防护技术工作机理为:该装置安装固定在绝缘子上,线路 3 和线路 4 两段线路通过本装置连接;正常情况下,线路 3 或线路 4 对剪切螺栓 1 的作用力小于其自身剪切强度;当输电线路受到树木倒伏、极端天气等强大外力作用,该外力的水平分力通过线路 3 或线路 4 的张力作用在剪切螺栓 1 上,若该水平力达到剪切螺栓 1 剪切强度阈值,则剪切螺栓 1 被剪断,发生断裂破坏,随即绕扎在剪切螺栓 1 上的两段线路脱离,使该强大外力得以释放,避免发生电杆倾斜或断杆事故。

该装置可适用不同规格(直径)的线路,可满足不同型号电杆需求。同时还可根据不同线路的最大可承受外力,通过生产不同规格的剪切螺栓 1,来改变其破坏阈值,以适应不同电杆破坏极限,从而达到保护电杆的目的。当剪切螺栓 1 损坏,线路从装置中脱离后需要再次安装时,只需更换剪切螺栓1,并将之固定在固定器5上,绕扎压紧线路即可完成修复,修复过程简单高效。

作为该装置受力部件的剪切螺栓要满足以下性质:首先由于要受到强大的外力,故其应满足一定强度,以保证其在一般情况下可以正常运转,避免出现未达到阈值破坏的情况;其次考虑其工作原理,要满足在外力达到设定阈值范围时立即作出反应,剪切螺栓及时断裂,使电线脱离电杆,释放超过阈值的强大外力,以保护电杆免受强大外力作用,从而避免电杆的被破坏,而在外力未达到破坏阈值时,其不会做出如断裂、变形等动作,提高其工作准确度,降低因长时间工作而导致变形产生的误差;最后要考虑生产成本的因素,降低生产成本,故必须考虑使用较为广泛的材料,同时要满足以上特点。

绝缘保护外壳可将裸露的电线和剪切螺栓部位包裹住,既可防止触电等意外事故发生,也可有效保护本装置,避免因日晒雨淋发生锈蚀朽化等现象,降低工作准确度。

5)研究结果及其分析

通过对电杆受力情况的分析,我们得出电杆的破坏主要是由电线的张力所引起的横向载荷和纵向载荷过大,超出电杆破坏阈值引起的,所以有必要进行配网电杆主动安全防护技术的研究。

在配网电杆安全主动防护技术上,选择剪切螺栓型号时,不同规格的线路、电杆分别使用不同规格的剪切螺栓,破坏阈值不同,螺栓直径也不同。剪切螺栓要在即将达到电杆破坏阈值时及时准确地断裂释放压力,并不出现弯曲或延伸等拉扯变形的状况导致剪切螺栓工作的精准度降低。螺栓的破坏阈值应小于电杆的破坏阈值,保证在外力达到电杆破坏阈值时剪切螺栓先一步做出断裂反应,以保护电杆。

配网电杆安全主动防护技术可以适应不同的电杆型号,且安全可靠、结构简洁、安装简单、维护更换便利和成本低廉,能更有效地保护输电杆的安全运行。

6)研究结论及建议

本设计研发了一种具有过载保护功能的电杆主动防护装置。已经通过实验证明了可以在达到破坏阈值时进行准确动作以保护电杆,这说明该装置具有良好的安全裕度,可以在灾害发生时以牺牲薄弱环节的方式保护电杆,提高抢修效率,从而将自然灾害对电杆的影响降至最低,且安装步骤简单,操作方便易行;本装置主体结构套装于绝缘保护外壳中,固定器和绝缘保护外壳均与绝缘子连接固定,绝缘性能好,安全可靠;在安装过程中可采用插空法布置,即每间隔一根电杆安装一个,在减少安装数量和安装强度的同时,也大大降低了投入成本;对不同规格的线路、电杆可分别使用不同规格的剪切螺栓,其破坏阈值不同,螺栓直径也不同,可以适应不同的电杆型号,可有效地推广到不同地区。

7)心得体会

从申请立项到现在的结题历时一年多,回想起那些讨论、交流、查资料、做实验、写论文的日子,让人无比怀念。对于此次项目,我们都在认真对待,付出了不少努力,在整个过程中也尝尽了酸甜苦辣,不仅仅学到知识,也留下了美好的回忆。时光飞逝,回想起去年这个时候,我们还处在科研立项的最初阶段,正在忙着立项申请,而如今,我们已经在做最后的收尾工作了。虽然不是什么伟大的工程,但依然有大功告成的感觉,心里很是自豪和骄傲,因为这是我们一年来的劳动成果。也许我们在学术上并没有多大的造诣,也没有作出多大的创新,但是我在这次研究过程中却受益匪浅。以下几点是我这一年多以来的研究学习体会。

①自主查阅资料、自主学习、自主组织所学知识能力是项目研究所必备的技能之一。在这个项目开展之初,需要我们先弄清项目的几个关键知识点,再通过网络搜索工具和图书馆的文献数据库查找相关资料,对收集到的资料自主学习和消化,并把所学知识应用到项目实施过程中。通过这些实践,我们在查阅资料、整理资料、自主学习等方面的能力得到了有效锻炼和提升。

②体会到了团队力量的强大。个人的力量始终是有限的,一个项目的成功往往需要团队里各个成员的相互配合、支持和理解。根据各自兴趣和擅长的部分,将一个项目分配给各个组员,组员之间相互交流各自的进展和成果,探讨所遇到的问题并提出解决方案,集思广益,共克难关。

③在项目的进行过程中,需要有老师来规范研究过程,指导小组成员的研究方法。在我们做实验遇到困难时,老师总是第一时间给予我们各种经验帮助和指导,让我们少走了不少弯路,我们非常感谢老师的指导和帮助,让我们顺利完成了本项目的研究工作。

④面对困难要有坚忍的决心和自信心。在项目进行的过程中,尤其是接触到一些陌生的领域,我们难免会遇到各种专业知识方面的难题。在面对这种情况时,要勇于接受具有挑战性的科研任务,树立坚定的信念,认准目标,迎难而上,尽自己的最大努力去解决问题。

⑤在一个团队里,做事要持之以恒,不能半途而废,要有责任心。整个课程设计过程离不开小组成员的通力合作,小组成员一起学习,一起解决问题,这是一个共同进步的过程。在小组成员中,能力的高低不是最重要的评判标准,而是大家的相处与合作能否产生思想碰撞的火花。做研究本身是没有多少乐趣可言的,除了对研究本身的热爱之外,就是要有责任心,要以负责任的态度对待每一项任务。

8) **附录**

部分仪器图以及小组实验过程图如图 3.114—图 3.117 所示。

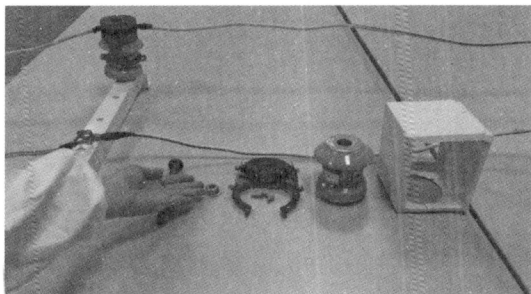

图 3.114　零散部件图

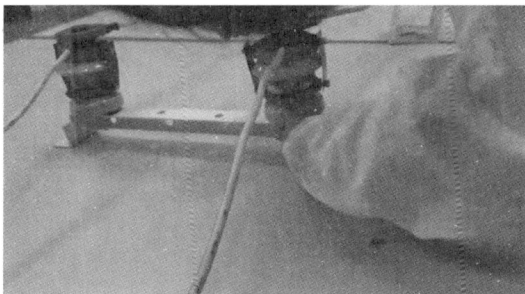

图 3.115　装置组装图

图 3.116　受力部件剪切实验图

图 3.117　断裂部件图

3.3.7　一种整体嵌入式的新型消防柜

贵州大学矿业学院　安全工程系　张吉友　牛慧婷　苟铭义　吴嘉骏

【摘要】

本课题设计了一种整体嵌入式的消防柜,包括消防柜柜体、滑开式消防柜柜门、烟雾感应装置、感应锁控装置以及中央控制报警装置、故障应急按钮、长条形 LED 指示灯板、钢丝绳卷筒、电缆线路、电机等。烟雾感应装置与中央控制报警装置联系,中央控制报警装置与长条形 LED 指示灯板及感应锁控装置联系,感应锁控装置与消防柜柜门联系。烟雾感应装置分别设置在柜体正面四角,中央控制报警装置设置在柜体内部,感应锁控装置设置在柜体正面右侧中部,故障应急按钮设置在柜体外部,长条形 LED 指示灯板分别设置在柜体正面的上下两端,钢丝绳卷筒、电机设置在柜体右下方靠近柜体后壁处。这种结构加快了火灾发生时人员的灭火及逃生速度。当发生火灾时,烟雾感应装置感应到火灾发生,传递信息到紧急报警装置,紧急报警装置自动报警,控制上下端长条形 LED 指示灯板亮起,控制感应锁控装置解除闭锁状态,控制电机运转带动钢丝绳卷筒转动,拉动柜门在滑轨槽滑动以实现开门,便于逃生人员在火灾发生时看清消防柜所处位置,及时作出反应,迅速使用柜内消防装置扑灭初期火灾或逃生。

【关键词】

整体嵌入式消防柜;烟雾感应装置;创意设计

【正文】

1)背景技术

消防柜是一种用于摆放消防设施设备的专用工具柜。在日常生活中很常见,主要放置于楼道等公共场所。其在火灾险情发生时能起到重要作用。国内外实际应用表明,消防柜为逃生人员提供集中存放呼吸面罩等消防设施的空间,以便于火灾发生时人员及时利用相关器材进行初期火灾扑灭以及火灾逃生。目前使用的消防柜一般为悬挂式或放置式,但无论是悬挂式消防柜还是放置式消防柜,都会占据部分消防通道,在火灾发生时降低人员的逃生速度。同时,目前市面上的消防柜普遍采用手动开启或者打破玻璃门开启的开启方式,在火灾险情发生时增加人员获得消防设备以及逃生的时间,影响了相关人员的逃生速度,减少了人员的逃生时间。

①目前,最新提出的一种嵌在墙体上的消防柜仍采用沿轴翻转的翻盖式为主要开启方式的柜门,在消防柜开启时仍然会占据一定的消防通道疏散空间,不仅影响人员的逃生速度,还可能对逃生人员产生身体伤害。且该消防柜仍使用手动开启柜门的开启方式,人员获取消防柜内消防设备的时间较长,影响人员逃生效率。

②另外一种嵌入式消防柜柜体外部加装有支撑支架,便于装入建筑墙面内部。但同样采用翻盖式为主要的柜门开启方式,且使用手动的开启方式,从而降低了人员的逃生效率。

2)整体嵌入式消防柜的具体内容

本设计针对现有消防柜的技术缺陷与实际逃生环境,提供了一种新型消防柜——嵌入式自动报警智能化消防柜(图3.118),解决逃生时消防柜占用实际逃生空间、发生火灾初期取用消防器材不便的问题。解决技术问题所采用的方案是提供一种新型整体嵌入式消防柜,包括消防柜柜体、消防柜门、感应锁控装置以及中央控制报警装置等。其中外壳与柜门采用与常规消防柜类似立方体结构,柜门打开方式采用滑开式,柜体柜门锁处安装感应锁控装置,中央控制报警装置放置于消防柜内部。

进一步改进:本装置采用整体嵌入式;采用滑轨式柜门;滑轨槽位于柜体上部;柜门处安装LED灯条,发生火灾时通电发光;感应锁控装置位于消防柜外部与消防系统连接,发生火灾时感应锁控装置自动打开闭锁;闭锁处也可由人工开启;中央控制报警装置位于消防柜内部与消防系统连接,发生火灾时由中央控制报警装置自动报警。

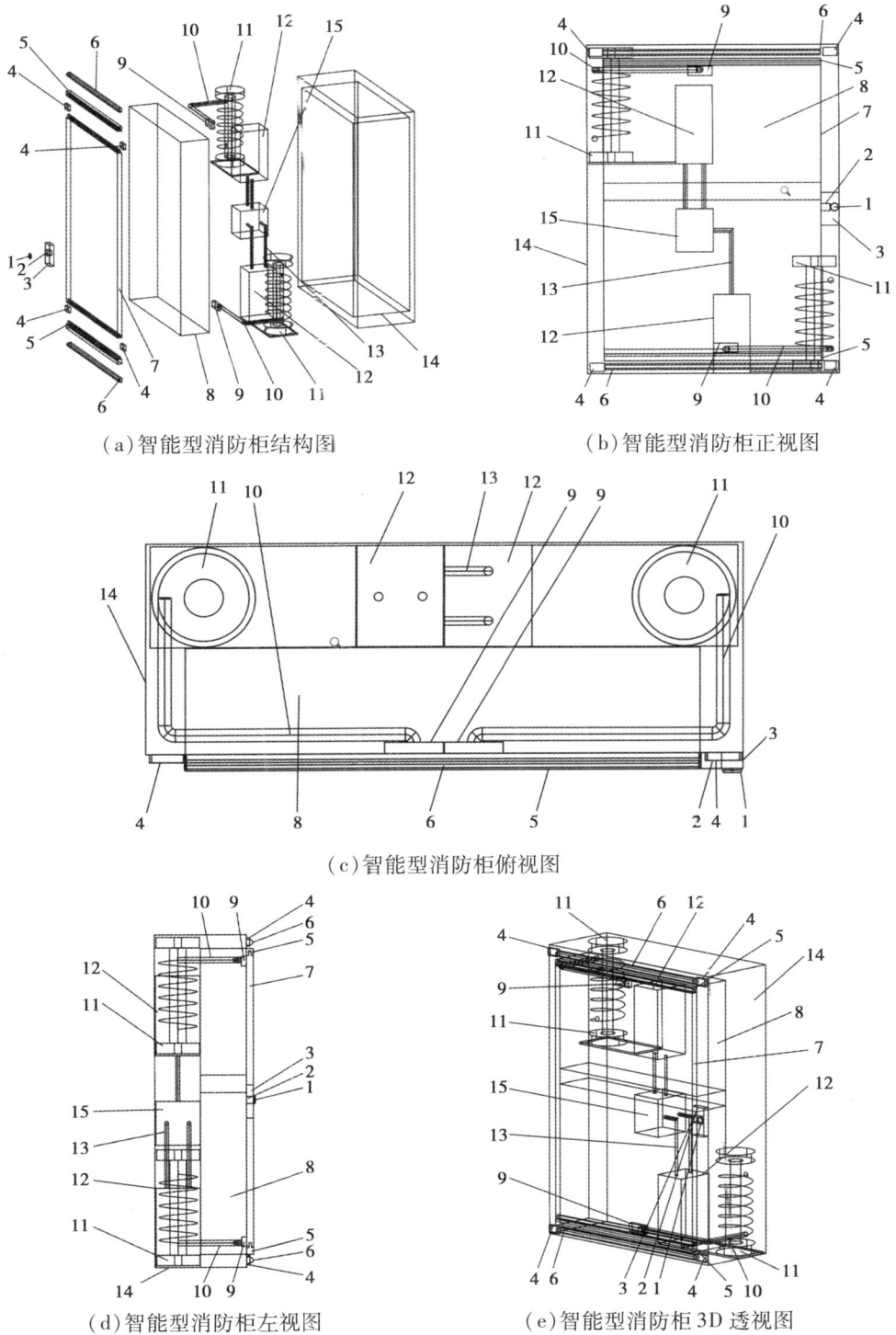

（a）智能型消防柜结构图　　　　　（b）智能型消防柜正视图

（c）智能型消防柜俯视图

（d）智能型消防柜左视图　　　　　（e）智能型消防柜 3D 透视图

图 3.118　嵌入式自动报警智能化消防柜

1—故障应急按钮;2—顶门锁芯;3—感应锁控装置;4—烟雾感应装置;5—滑轨槽;6—长条形 LED 指示灯板;7—滑轨型柜门;8—消防器材放置柜;9—柜门固定推拉限位块;10—钢丝绳;11—钢丝绳卷筒;12—电机;13—电缆线路;14—消防柜柜体;15—中央控制报警装置(内含信息接收器)

该整体嵌入式消防柜的优点:首先整个消防柜采用嵌入式设计,所以当发生火灾时与传统外露式消防柜相比,整体嵌入式消防柜几乎不占用逃生通道,更有利于发生火灾时疏散逃生,且与传统外露式消防柜相比杜绝了逃生时碰撞的危险。柜门采用滑轨式,进一步释放了逃生通道的空间。滑轨槽位于柜体上下方,首先,当发生火灾时,位于外部的感应锁控装置发出警报并且激活中央控制报警装置报警,激活长条形 LED 指示灯板,且感应锁控装置直接打开闭锁,可节约取用器材时间;其次,为了避免感应锁控装置故障无法自动开锁情况发生,也可手动打开柜门。长条形 LED 指示灯板设计便于人们在紧急情况下更快发现消防柜所处位置。

3)具体实施方式

如图 3.118 所示,消防柜柜体 14 内嵌入墙体,柜体内部安装消防器材放置柜 8,在柜体右下方靠近柜体后壁处安装钢丝绳卷筒 11、电机 12,通过电缆线路 13 连接中央控制报警装置 15,并且通过钢丝绳连接滑轨型柜门 7;在柜体左上方靠近柜体后壁处安装钢丝绳卷筒 11、电机 12,通过电缆线路 13 连接中央控制报警装置 15,并且通过钢丝绳连接滑轨型柜门 7,在柜体上下分别安装滑轨槽 5 用以安装固定滑轨型柜门,柜门内部设有柜门固定推拉限位块 9。柜体正面上下两端分别设置长条形 LED 指示灯板 6,柜体正面四角分别设置烟雾感应装置 4。在柜体正面右侧中部设置感应锁控装置 3、顶门锁芯 2,该处外部设有故障应急按钮 1。

当发生火灾时,首先由烟雾感应装置 4 感应到浓烟,传递信息到中央控制报警装置 15,由中央控制报警装置 15 自动报警,控制上下端长条形 LED 指示灯板 6 亮起,控制感应锁控装置 3 解除顶门锁芯 2 的闭锁状态,控制左上方电机 12 运转带动钢丝绳卷筒 11 收紧钢丝绳 10;控制右下方电机 12 反转带动钢丝绳卷筒 11 下放钢丝绳 10。通过上方钢丝绳 10 的收紧和下方钢丝绳放松拉动柜门在滑轨槽 5 滑动实现开门。关门时,由上方钢丝绳放松下方钢丝绳收紧拉动柜门在滑轨槽 5 滑动实现关门。为防止过度收紧,在柜门内部设置柜门固定推拉限位块 9 在柜门位移彻底打开或关闭时阻止柜门继续移动。

考虑到当烟雾感应装置和自动开关柜门相关装置可能发生故障的情况,当发生故障时可以从外部人工按动故障应急按钮 1 解除顶门锁芯 2 闭锁状态,手动打开柜门。

技术效果:发生火灾等紧急情况时,LED 指示灯设计更加有利于人们快速发现消防柜和自动感应开门,以节约取用消防器材时间,并且在火灾初期火势较小时有更大可能遏制住火势,自动报警,以及时通知消防人员,为救援留出更多时间。

4)总结

①一种嵌入式的新型消防柜。包括消防柜柜体、滑开式消防柜柜门、烟雾感应装置、感应锁控装置以及紧急报警装置、故障应急按钮、长条形 LED 指示灯板、钢丝绳卷筒、电缆线路、电机等设施。

②其特征在于:消防柜采用嵌入式设计,柜门采用滑轨式设计;消防柜柜门滑轨槽安装在

柜体上方;烟雾感应装置、感应锁控装置与消防柜门锁联系,检测到火灾发生时消防柜门自动打开;烟雾感应装置与中央控制报警装置、LED 指示灯板联系,检测到火灾发生时激活中央控制报警装置报警,激活 LED 灯条发光;消防柜柜门也可通过按下故障应急按钮手动开启,以防火灾环境破坏自动装置后无法取用消防柜内器材的情况发生。

3.3.8 一种空间立体结构嵌入式消防安全疏散标识牌

贵州大学矿业学院 安全工程系 季涛

【摘要】

安全疏散标志空间方向信息传递效能一直是应急疏散领域的研究热点与难点。本设计设计了一种空间立体结构嵌入式安全疏散标志,提升视觉吸引力,以提高疏散效率,减少火灾中人员伤亡数量。这种空间立体结构嵌入式消防安全疏散标识牌包括安装板,在安装板上固定连接有四棱台罩壳,在四棱台罩壳的顶面以及 3 个斜面内壁上均安装有 LED 指示灯板,在安装板上且位于四棱台罩壳内分别固定安装有控制器、信息接收器、投影仪以及蓄电池,所述控制器分别与 LED 指示灯板、信息接收器、投影仪以及蓄电池电性连接,在四棱台罩壳靠近投影仪下方的斜面上开设有透光孔。此安全疏散标识牌可以从四棱台罩壳的顶面以及 3 个斜面提供安全疏散信息,便于人群从不同角度获取安全疏散信息;同时,还可以通过投影仪将安全疏散信息投影至地面,最大限度地发挥安全标示牌的提示效果。

【关键词】

消防安全疏散标识牌;空间立体结构;嵌入式

【正文】

1)技术背景

安全疏散标识牌是公共安全设施的重要组成部分,为群体疏散提供了必要的方向信息支持,对紧急情况下不熟悉场地流线布置的人群疏散效率具有重大作用。然而,现有的安全疏散标识牌大多为平面结构,人们只有面对安全疏散标识牌时才能看清上面的信息,在安全疏散标识牌的侧面不易看清上面信息,一旦发生火灾,人们在烟雾中更加难以识别安全通道方向。

2)空间立体结构嵌入式消防安全疏散标识牌的具体内容

为解决上述技术问题,本设计提出了一种空间立体结构嵌入式消防安全疏散标识牌,该标识牌可以从正面及侧面显示安全疏散信息,便于人群从不同角度获取安全疏散信息,最大限度地发挥安全标示牌的提示效果。

技术方案:一种空间立体结构嵌入式消防安全疏散标识牌如图 3.119 所示,包括安装板,在安装板上固定连接有四棱台罩壳,在四棱台罩壳的顶面以及 3 个斜面的内壁上均安装有LED 指示灯板,在安装板上且位于四棱台罩壳内分别固定安装有控制器、信息接收器、投影仪以及蓄电池,所述控制器分别与 LED 指示灯板、信息接收器、投影仪以及蓄电池电性连接,在四棱台罩壳靠近投影仪下方的斜面上开设有透光孔。

另外,安装板上还固定安装有语音提示装置,且语音提示装置与控制器电性连接;四棱台罩壳的左右两个斜面与安装板之间的夹角均为5°;安装板与四棱台罩壳之间安装有密封条。

由于采用上述技术方案,此消防安全疏散标识牌的优点在于:可以从四棱台罩壳的顶面以及 3 个斜面提供安全疏散信息,便于人群从不同角度获取安全疏散信息;同时,还可以通过投影仪将安全疏散信息投影至地面,最大限度地发挥安全标示牌的提示效果。

3)具体实施方式

空间立体结构嵌入式消防安全疏散标识牌如图 3.119 及图 3.120 所示,包括安装板 1,在安装板 1 上固定连接有四棱台罩壳 2,在四棱台罩壳 2 的顶面以及 3 个斜面的内壁上均安装有 LED 指示灯板,其中四棱台罩壳 2 的左右两个斜面与安装板 1 之间的夹角均为 5°;在安装板 1 上且位于四棱台罩壳 2 内分别固定安装有控制器 7、信息接收器 8、投影仪 9 以及蓄电池 5,所述控制器 7 分别与 LED 指示灯板、信息接收器 8、投影仪 9 以及蓄电池 5 电性连接,在四棱台罩壳 2 靠近投影仪 9 下方的斜面上开设有透光孔 3。所述安装板 1 上还固定安装有语音提示装置 4,且语音提示装置 4 与控制器 7 电性连接,在紧急情况下,通过语音提示装置 4 辅助人群疏散。所述安装板 1 与四棱台罩壳 2 之间安装有密封条 6,避免灰尘进入四棱台罩壳 2 内部。

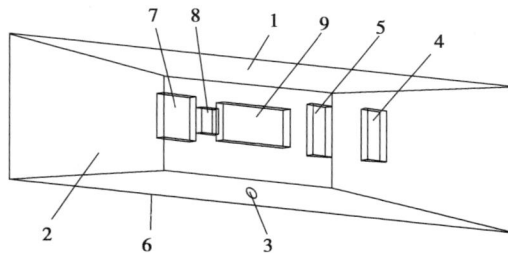

图 3.119 空间立体结构嵌入式消防安全疏散标识牌结构示意图
1—安装板;2—四棱台罩壳;3—透光孔;4—语音提示装置;
5—蓄电池;6—密封条;7—控制器;8—信息接收器;9—投影仪

4)工作原理

在四棱台罩壳 2 的顶面以及 3 个斜面的内壁上均安装有 LED 指示灯板,各个 LED 指示灯板可以单独显示安全疏散信息,便于人群从不同角度获取安全疏散信息,如图 3.120(b)所示;同时,投影仪 9 可以通过透光孔 3 投影嵌入式安全疏散标志所指示空间方向信息及距最近安全出口距离至地面,如图 3.120(c)所示,以增加嵌入式安全疏散标志可视面积,降低疏散人员反应时间,从而及时确定安全出口的方向、最近安全出口距离,便于人们迅速从最近的安全出口逃生,最大限度地发挥安全标识牌的提示效果。

（a）结构示意图的俯视图

（b）实施时的结构示意图

（c）投影示意图

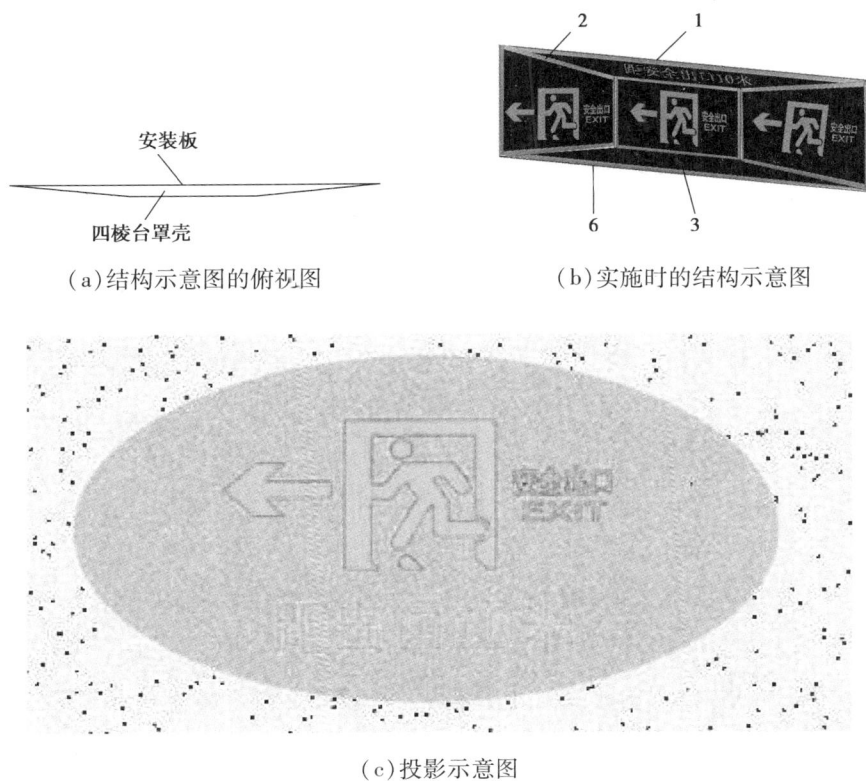

图 3.120　空间立体结构嵌入式消防安全疏散标识牌示意图

5）总结

该标识牌在空间方向信息传递的优势主要在于：与墙面所成 5°夹角，4 面显示空间方向信息，且可投影嵌入式消防安全疏散标志所指示空间方向信息及距最近安全出口距离至地面，增加嵌入式消防安全疏散标志可视面积，降低疏散人员反应时间；安装完毕后，标志区域凸显于墙面，疏散人员更易获取空间方向信息，从而及时确定安全出口的方向及最近的安全出口距离，便于人们迅速从最近的安全出口逃生；空间角度选择 5°使得该空间立体结构嵌入式消防安全疏散标志突出显示的同时不会占用过多的空间；采用语音提示装置播报当前位置的信息，以及距离标识最近的逃生通道的方向与距离，视听结合，以便在能见度较低，难以看清标识的情况下为逃生者提供信息，使人们快速地从最近安全出口离开；安装信息接收装置，与消防系统联动，在灾情发生时，及时启动，及时为人员自救提供信息；未发生险情时声音系统可处于待机状态，使用寿命更长且节约能源。

参考文献

[1] 杨明朗,袁桃.基于人机工程学的键盘设计[J].包装工程,2005,26(5):168-170.

[2] 高阳.基于人机工程学原理的计算机键盘设计[J].制造业自动化,2012,34(2):106-108.

[3] 丁扬.计算机键盘设计中的人机工程学体现[J].包装工程,2015,36(14):75-78.

[4] 杨艳群,黄勤威,许美玲,等.基于行人步行特征的大学校园石板路铺设间距研究[J].道路交通与安全,2016,16(4):42-47.

[5] 安友军,税艳玲,查靓.基于步行特征的石板路铺设间距及宽度研究[J].价值工程,2017,36(15):79-83.

[6] TANABORIBOON Y,HWA S S,CHOR C H. Pedestrian characteristics study in Singapore[J]. Journal of Transportation Engineering,1986,112(3):229-235.

[7] WILLIAM H. K. L,JODIE Y. S. L,C. Y. CHEUNG. A study of the bi-directional pedestrian flow characteristics at Hong Kong signalized crosswalk facilities[J]. Transportation,2002,29(2):169-192.

[8] 夏卿,周海萍.草坪汀步石间距初探[J].山西建筑,2012,38(3):214-215.

[9] 秋萍,虞亚平,李峰,等.成人身高与足长的回归分析[J].交通医学,2008,22(2):194.

[10] 万李雨泽,王瑾瑄,蒲宝婧.校园草坪汀步使用情况调研报告:以西北农林科技大学北校区草坪汀步为例[J].现代园艺,2019(19):51-53.

[11] 李晓艳.高校食堂内部就餐空间高效化利用设计研究:以乌鲁木齐市部分高校食堂为例[D].乌鲁木齐:新疆大学,2018.

[12] 罗桢怡,郭南勋,肖雪,等.关于食堂餐桌布局的探究[J].中学数学教学,2004(3):44-45.

[13] 陈咏雯.高校食堂空间复合化设计研究[D].广州:华南理工大学,2021.

[14] 邓宏林. 长沙市普通高校体育器材管理的调查研究[D]. 长沙：湖南师范大学，2012.

[15] 王伟. 对学校体育场地器材的利用与管理[J]. 文体用品与科技，2019（3）：30-31.

[16] 刘贵友. 信息时代背景下的高校体育馆体育器材管理思路研究[J]. 南方农机，2019，50（23）：212.

[17] 李江，瞿惠琴. 一种雨伞自动整理和快干装置的设计[J]. 信息通信，2019，32（3）：278-279.

[18] 肖帆，宋秋红，陆玮. 雨伞快速风干收纳装置的优化设计[J]. 装备机械，2016（4）：31-33.

[19] 丁敬堂. 一种新型收纳雨伞：CN214386421U[P]. 2021-10-15.

[20] 曹瑞琴. 一种基于酒店管理用雨伞收纳装置：CN214258884U[P]. 2021-09-24.

[21] 刘丽萍，李瑞霞，彭晓光. 雨水渗入高层建筑的机制研究[J]. 西安工业大学学报，2021，41（4）：418-422.

[22] 陈辰. 基于高校学生校园行为的服务设施空间布局研究：以大连地区为例[D]. 大连：大连理工大学，2021.

[23] 洪帆. 基于雨天环境下校园消极空间的雨伞收纳架设计研究[J]. 西部皮革，2020，42（16）：42-43.

[24] 董莉莉，蔡林杉，杨兆奇. 校园消极空间家具研究与设计实践[J]. 包装工程，2016，37（24）：150-155.

[25] 童嘉城，胡建良，孙俊鹏，等. 一种教室雨具收纳架：CN214230822U[P]. 2021-09-21.

[26] 李江，瞿惠琴. 一种雨伞自动整理和快干装置的设计[J]. 信息通信，2019，32（3）：278-279.

[27] 肖帆，宋秋红，陆玮. 雨伞快速风干收纳装置的优化设计[J]. 装备机械，2016（4）：31-33.

[28] 丁敬堂. 一种新型收纳雨伞：CN214386421U[P]. 2021-10-15.

[29] 曹瑞琴. 一种基于酒店管理用雨伞收纳装置：CN214258884U[P]. 2021-09-24.

[30] 刘丽萍，李瑞霞，彭晓光. 雨水渗入高层建筑的机制研究[J]. 西安工业大学学报，2021，41（4）：418-422.

[31] 陈辰. 基于高校学生校园行为的服务设施空间布局研究：以大连地区为例[D]. 大连：大连理工大学，2021.

[32] 洪帆. 基于雨天环境下校园消极空间的雨伞收纳架设计研究[J]. 西部皮革，2020，42（16）：42-43.

[33] 阮宝湘. 人机工程学课程设计/课程论文选编[M]. 北京：机械工业出版社，2005.

[34] 张丰智. 人机工程学在图书馆的应用研究[J]. 北京林业大学学报（社会科学版），2004，3（2）：73-76.

[35] 马广韬，任丹宁，郑妍. 高校图书馆书架设计中人体尺寸的应用研究[J]. 沈阳建筑大学

学报(社会科学版),2011,13(2):153-155.

[36] 安艳华,周虹.沈阳建筑大学图书馆自然通风现状与改进措施[J].沈阳建筑大学学报
(社会科学版),2017,19(4):337-342.

[37] 王亮,卢军,赵娟,等.窗户开启方式对居室内部自然通风的影响分析[J].重庆大学学
报,2011,34(S1):75-79.

[38] 任舟.当代我国高校校门设计策略探讨[J].城市住宅,2019,26(9):110-112.

[39] 国家市场监督管理总局,国家标准化管理委员会.中国成年人人体尺寸:GB/T 10000—
2023[S].北京:中国标准出版社,2023

[40] 杨鹏,胡立夫.基于图像识别技术的地铁站智能闸机系统设计[J].电子产品世界,2023,
30(3):34-38.

[41] 邓天民,谭思奇,蒲龙忠.基于改进 YOLOv5s 的交通信号灯识别方法[J].计算机工程,
2022,48(9):55-62.

[42] 崔瑾娟.基于单片机的智能交通信号灯控制系统设计及仿真[J].现代制造技术与装备,
2020,56(10):34-35.

[43] 胡明伟,吕品,蔡金梅.基于 PLC 的智能交通信号灯控制系统设计[J].现代电子技术,
2022,45(18):26-30.

[44] 徐辉.交通信号灯 PLC 控制系统设计[J].电子制作,2020,28(14):3-5.

[45] 张丹婷.基于安全人机工程学的小空间办公桌椅设计[J].设计,2018,31(13):122-123.

[46] 管少平,苏文盛.基于人机工程学原则的中国安全禁止标志评估与再设计[J].装饰,
2021(1):92-95.

[47] 李清泉.关于路口交通信号灯的安全人机及优化改进设计要点分析[J].江西建材,2015
(5):136.

[48] 潘永长.LED 系列信号灯回路设计改进[J].浙江电力,1994,13(3):61.

[49] 李明政.溶解氧检测与信号灯实验改进的探究[J].实验教学与仪器,2020,37(10):
69-70.

[50] 柳胜超.复杂背景下交通信号灯检测与识别方法研究与应用[D].西安:长安大
学,2021.

[51] 刘伟华,侯家和,袁超伦,等.基于改进的信号灯预警模型的城市智慧供应链发展动态预
测研究[J].工业技术经济,2021,40(2):56-64.

[52] 党文修,李树彬.交通管理设施标准化设置对交警执法规范化的影响[J].山东警察学院
学报,2014,26(6):137-142.

[53] 郭春锋.浅析体育场馆室内设计与健身效果的关系[J].中国包装,2018,38(5):42-44.

[54] 董镝.关于体育场馆节能工作的几点思考[J].体育世界(学术版),2011(3):112-113.

[55] 徐权. 新能源汽车火灾处置对策研究[J]. 中国应急救援,2022(1):54-57.

[56] 丁奕,杨艳,陈锴,等. 锂离子电池智能消防及其研究方法[J]. 储能科学与技术,2022,11(6):1822-1833.

[57] 殷志刚,王静,曹敏花. 镍钴锰三元电池与磷酸铁锂电池性能对比[J]. 电池工业,2021,25(3):136-142.

[58] 安富强,赵洪量,程志,等. 纯电动车用锂离子电池发展现状与研究进展[J]. 工程科学学报,2019,41(1):22-42.

[59] 杨铁军,彭震. 民用机场新能源电动车辆火灾防范策略[J]. 民航管理,2021(3):80-82.

[60] 刘子华. 电动汽车锂电池火灾特性及灭火技术[J]. 电子技术与软件工程,2020(1):68-69.

[61] 崔潇丹,丛晓民,赵林双. 锂离子电池热失控气体及燃爆危险性研究进展[J]. 电池,2021,51(4):407-411.

[62] 张禄堂. 不良坐姿易造成坐骨结节损伤[J]. 家庭中医药,1995,2(2):21.

[63] 刘建婷. 不良坐姿对可能引起颈椎病的生物力学分析及运动预防矫正[J]. 文体用品与科技,2012(16):75.

[64] 裴学胜,田李莹. 办公家具的尺寸与工作效率的关系研究[J]. 人类工效学,2017,23(5):20-24.

[65] 杨震,唐立华. 坐高变化对臀部和足部的影响[J]. 家具与室内装饰,2019,26(5):20-21.

[66] 宋海燕,张建国,王芳. 坐高变化对人体坐姿体压分布的影响[J]. 天津科技大学学报,2012,27(6):57-60.

[67] 唐立华,杨元. 不同坐姿对靠背椅人体舒适性的影响[J]. 中南林业科技大学学报,2013,33(6):150-154.

[68] 吴勘,门龙龙. 两种坐姿下身体压力分布与坐姿舒适度研究[J]. 湖南包装,2020,35(6):12-16.

[69] 李典伟. 影响电梯安全性能的因素和检验策略[J]. 新型工业化,2022,12(2):74-76,83.

[70] 胡文豪. 浅谈我国现行电梯安全及能效标准的不足和完善[J]. 科技创新导报,2018,15(26):128-130.

[71] 李振国. 电梯事故原因分析与预防措施探究[J]. 中国设备工程,2022(14):167-169.

[72] 廖鸿儒. 电梯安全性能影响因素及电梯检验检测的强化路径研究[J]. 中国设备工程,2020(23):158-160.

[73] 董文辉,于春雨,许磊. 基于声指示的疏散引导技术研究[J]. 消防科学与技术,2020,39(12):1705-1708.

[74] 孔云科. 基于物联网的智能疏散指示标志应用探讨[J]. 消防科学与技术,2017,36(8):

1158-1160.

[75] 温芳,张勃.长余辉发光材料在应急疏散标识中的应用形态[J].化工进展,2022,41(S1):282-292.

[76] 宋英华,张哲谦,霍非舟,等.考虑指示标志的视野受限情况下人员疏散模型[J].系统仿真学报,2022,34(11):2416-2424.

[77] 马明明,龚建华,李文航,等.基于虚拟眼动实验的指向型应急疏散标识布局优化方法[J].武汉大学学报(信息科学版),2020,45(9):1386-1394.

[78] 马晓辉,周洁萍,龚建华,等.面向室内应急疏散标识的VR眼动感知实验与布局评估[J].地球信息科学学报,2019,21(8):1170-1182.

[79] 廖慧敏,罗小娟,苏红.教学楼火灾疏散的标识认知应对规律研究[J].中国安全生产科学技术,2019,15(8):131-136.

[80] 廖慧敏,吴超,赵弟丰.火灾情境下认知生理反应与建筑物疏散标识优化研究[J].安全与环境学报,2018,18(1):205-210.

[81] 刘盛鹏.疏散通道交叉口诱导标志设计[J].消防科学与技术,2017,36(11):1552-1554.

[82] 张凌菲,王一诺,徐煜辉,等.基于模糊控制的历史街区疏散标识布局优化[J].建筑学报,2017(S2):40-44.

[83] 万展志,周铁军,罗能.基于可视性的会展建筑展厅应急疏散标识布局研究综述[J].建筑科学,2020,36(8):160-168.

[84] KUBOTA J,SANO T,RONCHI E. Assessing the compliance with the direction indicated by emergency evacuation signage[J]. Safety Science,2021,138:105210.

[85] 范芮雯,代张音,周慧,等.嵌入式安全疏散标志空间结构研究与设计[J].中国安全科学学报,2022,32(10):193-200..

[86] 范芮雯,代张音,周慧,等.消防安全疏散标志空间方向信息传递效能研究[J].消防科学与技术,2022,41(4):462-467.

[87] 李利敏,闫金鹏.在校大学生肩宽及疏散速度的测量研究[J].工业安全与环保,2014,40(11):44-47.

[88] 谢玮,张玉春.能见度对个体疏散速度及路径选择的影响研究[J].中国安全生产科学技术,2017,13(7):62-67.

[89] 中华人民共和国国家质量监督检验检疫总局,中国国家标准化管理委员会.家用卫生杀虫用品 蚊香:GB/T 18416-2017[S].北京:中国标准出版社,2004

[90] 秦彦磊,陆愈实,王娟.系统安全分析方法的比较研究[J].中国安全生产科学技术,2006,2(3):64-67.

[91] 王建楠,纪林,汤洋.HAZOP分析在火电厂石灰石处理系统中的应用[J].科技创新与应

用,2016,6(29):150.

[92] 何咏玲.系统安全分析——HAZOP 方法的应用及扩展[J].安全,1994,(06):4-11.

[93] 包春燕,谢滨.基于"物联网"下的智能保温杯设计探讨[J].大众文艺,2020(9):106-107.

[94] 杨亮亮,冯乙.基于 TRIZ 理论的可调温保温杯创新设计[J].设计,2021,34(17):136-138.

[95] 崔译丹.面向特定消费人群的保温杯外形及色彩设计研究[D].济南:齐鲁工业大学,2001.

[96] 段雅楠.如何治理高空抛物[J].现代职业安全,2017(11):104-106.

[97] 张玲.高空抛物智能追溯系统在智慧社区中的应用[J].智能建筑与智慧城市,2021(10):162-163.

[98] 詹秀珍.智慧社区高空抛物 AI 智能追溯系统[J].智能建筑,2020(10):55-58.

[99] 张玲.高空抛物智能追溯系统在智慧社区中的应用[J].智能建筑与智慧城市,2021(10):162-163.

[100] 刘立平,廖东峰,李英民,等.高空坠物落点理论模型及在施工安全防护中的应用[J].安全与环境学报,2016,16(6):141-144.

[101] 楼智美.空气阻力影响北半球自由落体的偏离:理论力学教学札记之一[J].力学与实践,2001,23(2):68-69.

[102] 彭天海,陈羽,杨帆,等.高层建筑电气火灾监控终端信息模型[J].山东大学学报(工学版),2022,52(5):132-140.

[103] 毕晓君,孙梓玮,刘进.高层火灾智能报警及逃生指导系统[J].智能系统学报,2022,17(4):814-823.

[104] 袁威,梁栋,褚燕燕,等.环境风对高层建筑楼梯井内火灾烟气运动特性的影响[J].安全与环境工程,2022,29(1):33-38.

[105] 张明空,胡小兵,王静爱.考虑火灾动态扩散过程的高层建筑疏散路径研究[J].中国安全科学学报,2019,29(3):32-38.

[106] 朱春玲,邱仓虎,李水生,等.超高层建筑施工期火灾危险源研究与防控措施[J].建筑科学,2020,36(11):145-149.

[107] 郑学召,李腾飞,吴佩利,等.高层建筑消防无人机搭载灭火弹系统研究[J].消防科学与技术,2021,40(9):1377-1382.

[108] 唐甜甜,李翠玉.基于住宅区火灾的消防声波无人机设计[J].机械设计,2020,37(S1):48-50.

[109] 王娟,张良,吴春颖.无人机在高层建筑灭火中的视觉算法研究[J].消防科学与技术,

2018,37(12):1704-1706.

[110] 崔彦琛,吴立志,朱红伟,等.无人机在消防通信中的应用研究[J].消防科学与技术,
2019,38(4):526-529.

[111] 娄旸,谭思宇.消防救援用无人机虚拟仿真训练系统设计[J].消防科学与技术,2022,
41(8):1115-1118.

[112] 李鸿一,陈锦涛,任鸿儒,等.基于随机采样的高层消防无人机协同搜索规划[J].中国
科学:信息科学,2022,52(9):1610-1626.

[113] 刘付勤,李丽凤,刘长新.集成AHP-FAST的城市消防车概念设计[J].包装工程,2021,
42(22):129-137.

[114] 刘振亚.国家电网:全面建设小康社会的坚强后盾[J].中国城市经济,2005(7):6-7.

[115] 肖凯,温嘉祺,谢文平,等.配网线路电杆安装及排布位置对电杆受力方式的影响及"弃
线保杆"方案研究[J].科学技术与工程,2016,16(13):68-73,81.

[116] 胡保有,张月超,张超杰.一种新型电杆升高装置的论述[J].企业技术开发,2016,35
(18):98-99.

[117] 沈峰,陈勇,吴晓旭.一种新型电杆防护墩[J].电世界,2016,57(9):14-15.

[118] 林志生.配网线路弃线保杆装置的研究开发[D].广州:华南理工大学,2017.

[119] PANG B,LIU S,WANG S,et al. Design and simulation of the lighting-protective insulator for
110 kV transmission line[J]. High Voltage Apparatus. 2016,52(8):177-183 .

[120] 国家电网公司运维检修部组.配电网工程工艺质量典型问题及解析[M].北京:中国电
力出版社,2017.

[121] 肖凯,林志生,李文胜,等.环形圈受力变形的研究及其在"弃线保杆"装置上的应用
[J].机械设计与制造,2017(10):36-39.

[122] 莫海军,林志生,肖凯,等.配网线路"弃线保杆"装置的实验研究[J].科学技术与工
程,2017,17(11):213-216.

[123] 毛晓桦.输电线路设计基础[M].北京:中国水利水电出版社,2007.

[124] 张瑚,李健,徐维毅,等.角度风对转角塔水平荷载的影响[J].电网与清洁能源,2013,
29(7):12-15.

[125] 中华人民共和国国家质量监督检验检疫总局,中国国家标准化管理委员会.环形混凝
土电杆:GB/T 4623—2006[S].北京:中国标准出版社,2006.

[126] 郭思顺.架空送电线路设计基础[M].北京:中国电力出版社,2010.